超详解
可爱的狗狗玩偶
编织技法

〔日〕真道美惠子　著

项晓笈　译

河南科学技术出版社
·郑州·

前　言

使用钩针将毛线钩织成形，在毛茸茸的面部安上眼睛和鼻子，
狗狗的脸庞立刻就出现了，像是在跟你打招呼呢。
这一瞬间又是惊喜，又是心动。

钩针编织的可爱狗狗，对于制作的人来说，或是对于收到这份礼物
的人来说，都能带来温暖的幸福感。
如果编织的玩偶是和自己一起生活的狗狗，那就更增添了一份热爱。

本书介绍了常见的家庭饲养的10种共14款狗狗玩偶的制作方法。
并使用一种独特的技法——在钩织好的玩偶上用毛线进行"植毛"，
完成了栩栩如生的狗狗玩偶。
做成合适的大小也很重要，不假思索就想给它一个拥抱呢。
事实上，书中贵宾犬的模特就是我家的爱犬。

选择和狗狗毛色相近的毛线，修剪成合适的造型，
愉快地制作属于你自己的玩偶吧。

拥有这本书的各位读者，请享受手作时间所带来的喜悦和满足吧！

真道美惠子

目录

● 印刷品和实物颜色可能存在差异，请知悉。
● 线材和工具以 2020 年 11 月的商品为准。

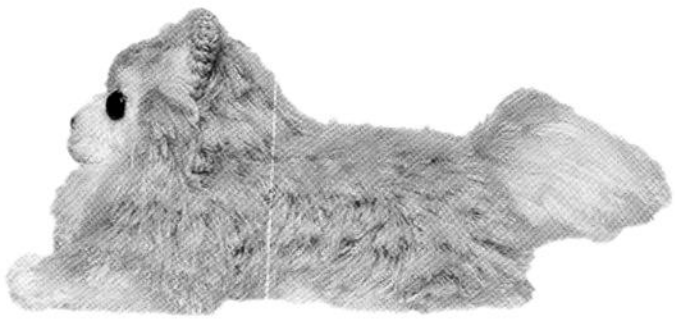

Toy poodle

贵宾犬　坐姿

超有人气的贵宾犬，耳朵长长的。使用毛刷拆散毛线，做成贵宾犬卷毛的样子。

制作方法  p.53

贵宾犬　立姿

传统的米黄色极粗毛线，修剪成泰迪熊式毛发。也可以随自己的喜好修剪成其他样式。

制作方法 🐾 🐾 p.56

蝴蝶犬 坐姿

那一对蝴蝶翅膀似的大耳朵，正是
最迷人的地方。耳朵和胸部大量的
装饰毛发更凸显它优雅的气质。

制作方法 🐾 🐾 p.59

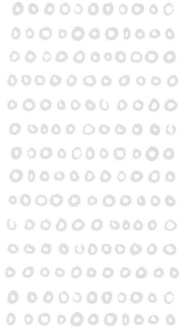

长毛吉娃娃　卧姿

白色与黄色系的毛线搭配，做成精神
饱满的小型犬。大大的眼睛，小小的
身体，超级可爱呢。

制作方法　🐾　p.62

长毛吉娃娃 坐姿

受欢迎的黑白花色吉娃娃，脸上像长着两道眉毛。这款是和真实狗狗相同的袖珍尺寸哟。

制作方法 🐾 🐾 p.65

Pomeranian

博美犬 坐姿

用毛线还原了颜色亮丽的毛发。
毛发又长又厚，样子伶俐可爱，
很叫人喜欢呢。

制作方法  p.68

博美犬 立姿

开朗活泼的性格,眼睛上方、口鼻部分和胸部都装饰了厚厚的茶色毛发。

制作方法  p.71

腊肠犬 卧姿

优雅的腊肠犬，魅力十足。额头部分
的毛发是沿头部形状使用羊毛毡戳
针戳刺完成的。

制作方法 🐾 p.74

腊肠犬 立姿

用了4种颜色的毛线表现丰富的
毛色。茶色系的毛线色彩细腻多
变,是配色的绝佳选择。

制作方法 🐾 p.77

玛尔济斯犬 坐姿

使用白色的细毛线，密密地进行植毛。就像是童话故事中的角色，温和沉静，疗愈人心。

制作方法 🐾 🐾 p.80

Schnauzer

雪纳瑞 坐姿

灰白的毛色被形象地称为椒盐色,
人气超高。爪子上的毛线留得长一
些,修剪成靴子的样子,既新颖又时
髦。

制作方法 🐾 p.83

Long Coat Chihuahua
cream&white

Long Coat Chihuahua
black&white

Shih Tzu

你能猜出来
我是谁吗？

带我一起
去散步吧！

Yorkshire Terrier

 Bichon Frise

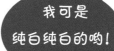

我可是
纯白纯白的哟！

33

西施犬 卧姿

选择米色系、灰色系和茶色毛线混合植毛。鼻子周围的毛发向四周绽开,圆嘟嘟的脸庞格外惹人喜爱。

制作方法 🐾 🐾 p.86

约克夏 坐姿

腿上长长的毛和背上独特的深灰色
毛都很有魅力。再扎上蝴蝶结，是相
当漂亮的装扮呢。

制作方法 🐾 🐾 p.89

比熊犬 立姿

比熊犬有着柔软蓬松的毛发，
看上去就像一颗甜美的棉花
糖。从粉扑形的修剪开始尝试，
挑战一下各种造型吧。

制作方法 🐾 p.92

工具与材料

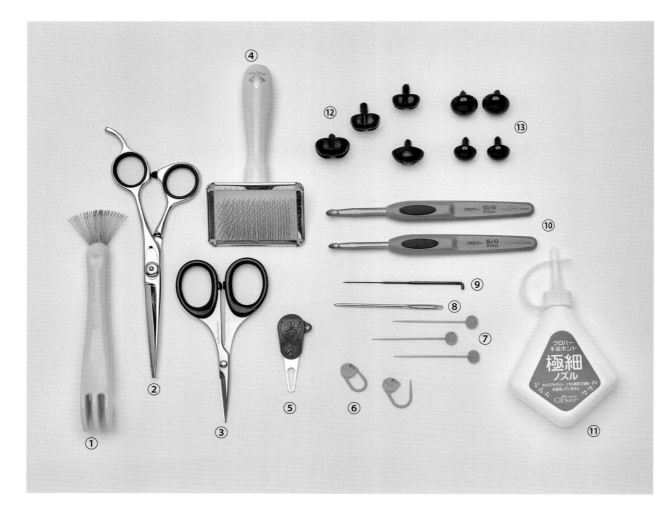

①**羊毛毡梳毛工具** / 用于压住眼睛周围等比较细致部位的毛线。

②**修剪剪刀** / 用于修剪植毛完成后的毛线。

③**剪线剪刀** / 用于剪断毛线。

④**毛刷** / 通常用于狗狗保养护理的毛刷，在本书中用于拆散植毛完成后的毛线。

⑤**毛线针穿针器** / 专用于给毛线针穿线。

⑥**计数环** / 挂在针目上用于记录行数。

⑦**固定珠针** / 编织时用的珠针，在缝合各部分时起固定作用。

⑧**毛线缝针** / 在缝合各部分及植毛时使用。

⑨**羊毛毡戳针** / 通常用于制作羊毛毡，本书中用来戳刺固定毛线、整理形状等。

⑩**笔式钩针** / 用于编织玩偶的基础部分。

⑪**手工胶** / 用来粘贴鼻子和眼睛，细嘴的手工胶更好用。

⑫**动物鼻子** / 黑色带垫圈的插入式鼻子（三角形：21mm，四边形：18mm、20mm、23mm）。本书中使用手工胶粘贴，不需要使用垫圈。

⑬**动物眼睛** / 黑色（15mm、18mm）10个装、50个装的插入式动物眼睛。

狗狗玩偶的制作步骤

钩针编织狗狗玩偶的制作方法，不同犬种之间有通用的部分，也有差异的地方。这里介绍的是通用的基本制作方法。请结合从下一页开始的具体步骤，以及从p.53开始的不同犬种的制作方法，尝试完成一只自己喜爱的狗狗玩偶吧！

基本制作方法

1 按照每个作品的"钩织图解"钩织身体各部分。钩织完成后都留出30cm左右的毛线。

2 除耳朵以外的各部分塞入填充棉（塞紧到接近硬靠垫的标准）。

3 根据不同的姿态，缝合身体和其他各部分。

4 植毛。

5 使用毛刷拆散毛线，再用剪刀修剪成喜欢的样子。

6 重复拆散和修剪毛线，再使用羊毛毡戳针整形。

7 确认眼睛和鼻子的位置，插入眼睛和鼻子。使用手工胶粘贴。

基本组合方法

编织的狗狗玩偶分为坐姿、立姿和卧姿三种姿态。
按照不同的姿态组合各部分，完成狗狗玩偶的基础部分。

★口鼻部分和耳朵的缝合请参照p.53起的制作方法。
★编织时手的力度不同，完成的各部分尺寸也会有所不同。
　如果无法按照指定位置缝合，请自行调整到合适位置组合即可。

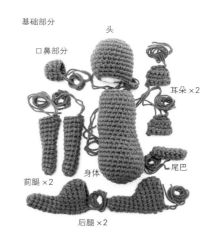

一般狗狗有10个部分（卷线制作耳朵的狗狗玩偶为8个部分）。组合完成即为基础部分。

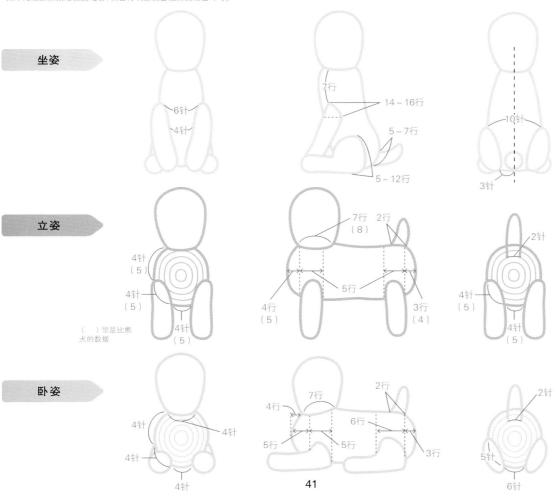

坐姿

立姿

卧姿

41

绕线环起针 ※2 股毛线。

请结合参照 p.53~p.55 "贵宾犬　坐姿"的制作方法。
耳朵和口鼻部分以外的各部分，全部使用线头绕线环起针。用将毛线在手指上绕 2 圈的方法起针也是可以的。

01 钩针放在毛线后面，按逆时针
方向向面前绕一圈。

02 毛线套在钩针上，形成线环。

03 在左手拇指压住的位置，毛线
如图所示交叉。

04 钩针挂线，向线环内引拔。

05 引拔完成。

在线环上钩织第 1 行 （× = 短针）

01 钩针挂线，再一次引拔。

02 完成第 1 行的立织锁针（起立
针）。

03 钩针插入线环，包住钩织开始
处的线头。

04 挂线引拔。

05 现在钩针上有 2 个线圈。

06 挂线，一次钩过针上 2 个线圈。

07 完成第 1 针短针。

08 在第 1 行第 1 针的短针针目上挂计数环，作为第 2 行钩织开始的标记。

09 按步骤 03~07 的方法重复 5 次，共钩 6 针短针。

10 完成第 1 行的 6 针短针。

11 暂时把钩针从线环中抽出，手指压住钩织完成部分，用力拉线头。

12 抽紧线环，形成环形。

13 重新把钩针插入线环。钩针插入计数环标记的第 1 针短针的针目，取下计数环。

14 钩针挂线，一次钩过针上 2 个线圈（引拔针）。完成第 1 行。

钩织第 2 行（∨/∨=1 针放 2 针短针）

01 钩 1 针锁针（作为第 2 行的起立针）。

02 钩针插入第 1 行第 1 针短针的针目中，钩 1 针短针。

03 在第 1 针短针针目上挂计数环。

04 在同一位置插入钩针，再钩 1 针短针（1 针放 2 针短针）。

05 在第 1 行的 6 针短针针目上各钩 2 针短针。第 2 行共 12 针短针。第 3 行开始参照钩织图解进行钩织。

口鼻部分的钩织方法

01 钩 5 针锁针。

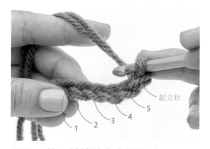

02 钩 1 针锁针作为起立针。

03 钩针插入第 5 针锁针的上半针。

04 钩 1 针短针。

05 在第 1 针短针针目上挂计数环（继续钩织第 2 行的标记）。

06 接着继续钩短针。

07 钩 5 针短针至锁针起针处。

08 第 5 针处再钩 1 针短针。

09 第 5 针处共钩 2 针短针完成。

10 翻转织物，在同一位置再钩 1 针短针。

11 第 5 针处共钩 3 针短针完成（同一针目里钩 3 针短针）。

12 继续钩 4 针短针。

13 在同一位置再钩 1 针短针。

14 钩针插入挂有计数环的第 1 针短针针目，引拔。

15 完成口鼻部分第 1 行。第 2 行开始参照钩织图解进行钩织。

后腿的钩织方法 第8行（ W =1针放5针短针）。

01 线头绕线环起针，钩 7 针。共钩 7 行短针。

02 第 8 行先钩 3 针短针。

03 第 4 针钩 1 针放 5 针短针。

04 再钩 3 针短针，完成第 8 行（后腿的弯曲部分）。

前腿的钩织方法（ =变化的 3 针中长针枣形针）

请同时参照蝴蝶犬（p.61）、长毛吉娃娃（p.64、p.67）、约克夏（p.91）的腿部（包括前腿、后腿）的制作方法。

01 线头绕线环起针，钩 8 针。

02 第 2 行先钩 2 针短针（在第 1 针短针针目上挂计数环）。

03 钩针挂线，插入下一针针目。

04 挂线引拔，把线拉得稍长一些。

05 按步骤 03、04 的方法重复 2 次，钩针上共有 7 个线圈。

06 挂线，除最右边的 1 个线圈之外，一次钩过针上其他 6 个线圈。

07 再一次挂线，钩过剩余的 2 个线圈。

08 完成变化的 3 针中长针枣形针。

09 按同样的方法重复 3 次。再钩 2 针短针。

身体和腿部的缝合

◆坐姿

红线上方不需要塞棉

 使用毛线缝针，穿上各部分钩织完成后留出的毛线，进行缝合。先在头部缝合口鼻部分，然后再按照头部、腿部、尾巴、耳朵的顺序和身体缝合。

[塞棉方法]

腿部塞棉，与身体缝合的部分不需要塞棉。沿红线位置和身体进行缝合，织物的厚度足以替代塞棉的效果了。头部、身体、口鼻部分、尾巴都需要紧实地把棉塞满（各种姿态都适用）。

01 在后腿的缝合位置（参照 p.41 "坐姿"）用珠针固定。

02 使用毛线缝针穿上钩织后腿完成后留出的 30cm 左右的毛线，在身体上挑 1 针。

03 在后腿正面挑 1 针短针针目的根部（纵向线）。
※ 缝合时仅挑取正面。

04 毛线缝针在身体和腿部交替挑起，呈コ形进行缝合。

05 コ形缝合的样子。

06 后腿开口部分缝合完成。

07 沿着身体继续缝合后腿的内侧。

08 缝合好内侧，后腿就不会向外撇开，可以更好地完成狗狗的样子。

09 以同样的方法缝合前腿。内侧缝合 3 行。

◆立姿

[塞棉方法]

上方 2 行

腿部上方 2 行要少塞一些棉。

[身体和腿部的缝合方法]

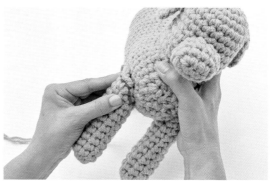

折叠腿部内侧与身体缝合的部分，再沿红线位置进行缝合。

◆卧姿

参照 p.47 "坐姿" 的后腿缝合方法。

植毛方法

~~~~~

基础部分为单色时，植毛也使用单色。这里介绍了与基础部分颜色一致的植毛方法，也可以选择自己喜欢的毛色、在喜欢的位置进行植毛。

请同时参照 p.77 的制作方法。

[准备毛线]

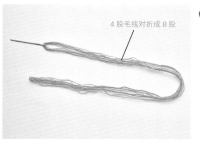

4股毛线对折成8股

 毛线穿针时，使用毛线针穿针器会比较方便。

把 4 股毛线对齐，穿过毛线缝针后对折(形成 8 股),留出 60cm 左右的长度。
※ 贵宾犬、雪纳瑞、比熊犬使用 2 股毛线进行对折。

[身体和头部后侧的植毛方法]

01 面积比较大的身体和头部后侧，按 1.5cm 的间隔，使用固定珠针做好标记。

02 两排固定珠针要间隔着错开。

03 在固定珠针标记的位置挑 1 针。

04 在此使用与基础部分颜色不同的毛线进行示范。毛线留出所需的完成长度再加 2cm。

05 在步骤 03 的位置用回针缝缝一针。

06 用拇指压住留出的毛线，以免缠绕。

07 留出与步骤 04 同样长度的毛线后剪断。

08 完成第 1 排植毛。

09 第 2 排与第 1 排的植毛位置间隔开，重复步骤 03~07。

10 完成第 2 排植毛。继续重复步骤 03~07，在身体和头部后侧，按 1.5cm 的间隔进行植毛。
※ 使用与基础部分颜色相同的毛线植毛时，也是同样的方法。

[面部正面和口鼻部分、耳朵、腿部的植毛方法]　※ 贵宾犬、比熊犬的面部正面和身体的植毛方法相同。

01　面部正面和口鼻部分按 1cm 的间隔，使用固定珠针做好标记。

02　在固定珠针标记的位置挑 1 针。

03　毛线留出所需的完成长度再加 2cm。

04　这个部分不需要回针缝，直接剪断毛线。

05　使用羊毛毡戳针，固定根部的毛线。

06　轻轻用力拉，毛线不会被拉动就可以了。
※ 如果没有戳刺固定好毛线，后面使用毛刷时就很容易把毛线拉扯下来。

07　中间部分使用和基础部分同色的毛线，重复步骤 02~06。完成口鼻部分的植毛。

全身植毛完成。

[拆散毛线的方法和修剪方法]

01 手指压紧毛线根部，使用毛刷拆散毛线。

02 向各个方向分开毛线，用毛刷拆散毛线（图示为口鼻部分的植毛）。

03 拆散口鼻部分的全部毛线。

[植毛的修剪方法]

01 使用剪刀修剪至需要的长度（不要一下剪太多，每次修剪少许，慢慢修剪）。

02 修剪过程中如遇到未拆散的毛线，使用毛刷拆散后再次修剪。

03 口鼻部分修剪完成。毛发较长的犬种（贵宾犬、雪纳瑞等），都按照这样的方法修剪整形。

毛发较短的犬种

毛线较短，使用毛刷时很容易把毛线拉扯下来，修剪完成后再次使用羊毛毡戳针戳刺，固定根部的毛线。

毛发较长的犬种

将较长的毛发顺着毛发方向整理成形，眼周和口鼻部分修剪整洁，狗狗的表情也会变得生动起来。

 拆散毛线的过程中会产生很多细小的毛絮，可以戴上口罩，防止吸入。

[面部的完成方法 (适合面部毛发较短的犬种)]

01 顺着毛发的方向，使用羊毛毡戳针戳刺植毛位置的毛线。

02 配合口鼻部分的样子，戳刺固定全部毛线。

03 完成蓬松的口鼻部分。也以同样的方法完成面部。

[眉毛的制作方法]

🐾 安装好动物眼睛后，在拆散毛线、整理成形时，使用羊毛毡梳毛工具辅助会比较方便。

参考图示位置，用毛线按照编号顺序进行直线绣(1出、2入、3出、4入、5出、6入)，毛线不要拉得过紧，要有蓬松感。使用毛刷拆散毛线，再用羊毛毡戳针沿着毛发方向戳刺整形，剪开眉梢一侧的线圈，使用毛刷拆散调整。

出＝出针位置
入＝入针位置

[不需要植毛的部分]

立姿与卧姿的狗狗玩偶看不到腹部，这一部分不需要进行植毛。

 如果介意直接露出的织物，也可以使用毛刷在织物上直接刮绒，做出极短的植毛效果。

坐姿的狗狗玩偶，前腿、后腿与腹部重合的部分以及屁股周围不需要植毛。

[卷线制作耳朵的方法]

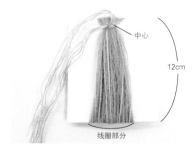

01 取一张长 12cm 的厚卡纸，用毛线在卡纸上卷 30 圈。另取一根约 50cm 的毛线，在中心位置打结死结（腊肠犬使用长 14cm 的厚卡纸）。

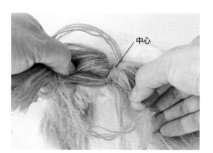

02 将线圈部分剪开，用毛线缝针穿上在中心位置打结的毛线，钉缝在头部。打结的另一侧毛线也以同样的方法钉缝，在耳朵下方打结固定线头。

03 对齐毛发尾端，使用羊毛毡戳针戳刺耳朵进行整形。

作品的制作方法

贵宾犬　坐姿　p.6

完成尺寸：高30cm、长20cm

工具和材料

●使用2股腈纶极粗毛线钩织基础部分。

部位		使用毛线	颜色	色号	使用量	股数	使用钩针
基础部分		腈纶极粗	摩卡棕色	114	220g	2股	10/0号
植毛	A	腈纶极粗	摩卡棕色	114	100g	2股	

配件	填充棉
眼睛/15mm	50g
鼻子/■18mm	

※元广 Pandra House 限定色。

植毛

植毛位置	使用毛线	毛发长度（cm）
头部		2
身体		3~5
尾巴	A	5
口鼻部分		2
腿		2
耳朵		7~12

正面　　　　　側面　　　　　背面

植毛的长度和面部各部分的位置

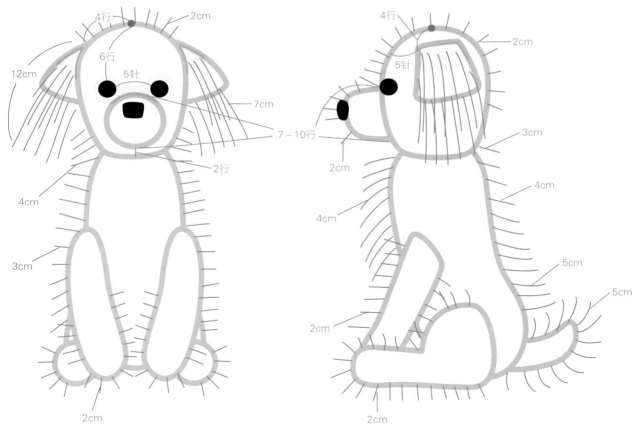

●使用2股腈纶极粗毛线进行植毛。

●耳朵根部不需要植毛，其他位置植毛时毛线向下方重叠。

●重复修剪和拆散毛线，按自己的喜好整理成形。

●　　部分使用羊毛毡戳针戳刺固定。

钩织图解

∧ =  ∨ = 1针放3针短针
∨ =   ᙏ = 1针放5针短针

身体1片

前中心

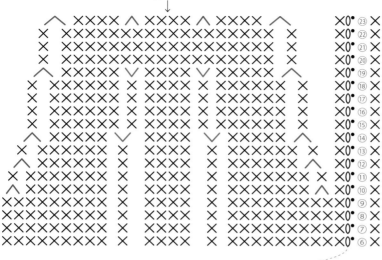

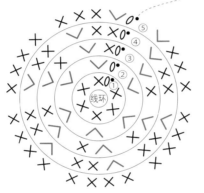

行数	针数	加减针
㉓	18针	减4针
㉒	22针	没有加减针
㉑		
⑳		
⑲	22针	参照图解
⑱	22针	没有加减针
⑰		
⑯		
⑮		
⑭	22针	参照图解
⑬	22针	没有加减针
⑫	22针	减2针
⑪	24针	没有加减针
⑩	24针	减2针
⑨	26针	没有加减针
⑧		
⑦		
⑥		
⑤	26针	加2针
④	24针	加6针
③	18针	加6针
②	12针	加6针
①	绕线环起针钩6针短针	

头部1片

前中心

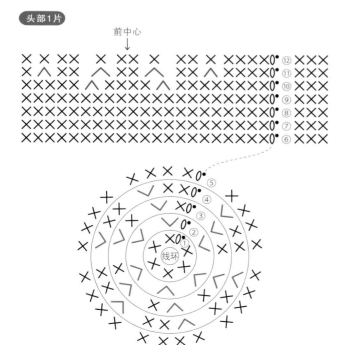

行数	针数	加减针
⑫	18针	没有加减针
⑪	18针	减4针
⑩	22针	减2针
⑨	24针	没有加减针
⑧		
⑦		
⑥		
⑤		
④	24针	加6针
③	18针	加6针
②	12针	加6针
①	绕线环起针钩6针短针	

前腿2片

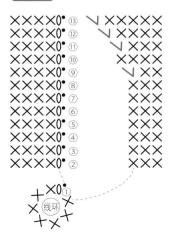

行数	针数	加减针
⑬	11针	加1针
⑫	10针	加1针
⑪	9针	加1针
⑩	8针	没有加减针
⑨	8针	加1针
⑧		
⑦		
⑥		
⑤	7针	没有加减针
④		
③		
②		
①	绕线环起针钩7针短针	

后腿2片

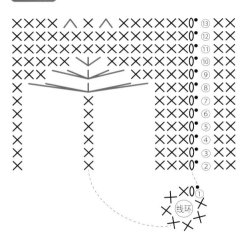

行数	针数	加减针
⑬	15针	减2针
⑫	17针	没有加减针
⑪		
⑩	17针	加2针
⑨	15针	加4针
⑧	11针	加4针
⑦		
⑥		
⑤	7针	没有加减针
④		
③		
②		
①	绕线环起针钩7针短针	

耳朵2片

下

上

毛线留出30cm后开始钩织

行数	针数	加减针
④	5针	没有加减针
③		
②	5针	加2针
①	锁针起针钩3针短针	

口鼻部分1片

下

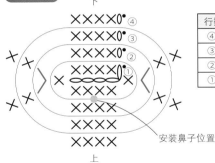

安装鼻子位置

上

行数	针数	加减针
④	12针	没有加减针
③		
②	12针	加2针
①	锁针起针钩10针短针	

尾巴1片

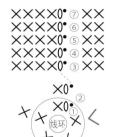

行数	针数	加减针
⑦		
⑥		
⑤	6针	没有加减针
④		
③		
②	6针	加1针
①	绕线环起针钩5针短针	

贵宾犬 立姿 p.7

完成尺寸：高27cm、长30cm

工具和材料

●使用2股腈纶极粗毛线钩织基础部分。

部位		使用毛线	颜色	色号	使用量	股数	使用钩针
基础部分		腈纶极粗	米黄色	113	220g	2股	10/0号
植毛	A	腈纶极粗	米黄色	113	100g	2股	

配件	填充棉
眼睛/15mm	50g
鼻子/■18mm	

※元广Pandra House限定色。

植毛

植毛位置	使用毛线	毛发长度（cm）
头部		3
身体		3～3.5
尾巴	A	3
口鼻部分		2.5
腿		2.5
耳朵		5

正面

侧面

背面

植毛的长度和面部各部分的位置

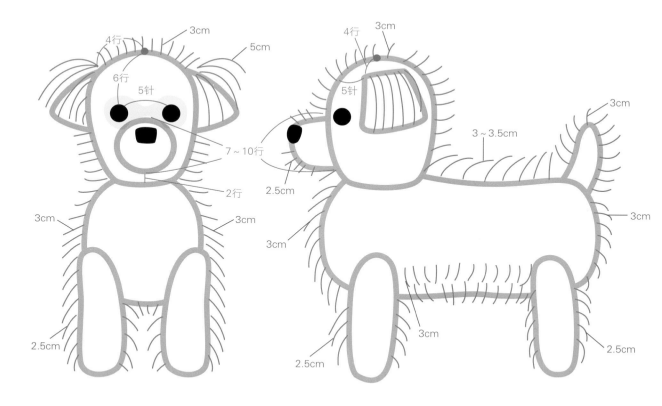

●使用2股腈纶极粗毛线进行植毛。
●爪子不植毛，可以更好地站立摆放。
●重复修剪和拆散毛线，按自己的喜好整理成形。
●为了清晰地展现狗狗的眼睛，   部分使用羊毛毡戳针戳刺固定。

钩织图解

∧ = ⋀

∨ = ⋎

身体1片

前　　毛线穿过最后一行的6针，抽紧收口（收口前塞满填充棉）

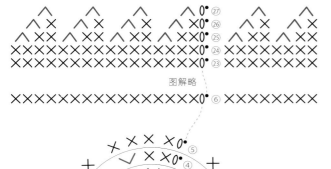

图解略

行数	针数	加减针
㉗	6针	减6针
㉖	12针	减6针
㉕	18针	减6针
㉔ ？ ⑤	24针	没有加减针
④	24针	加6针
③	18针	加6针
②	12针	加6针
①	绕线环起针钩6针短针	

头部1片

前中心

行数	针数	加减针
⑫	18针	没有加减针
⑪	18针	减4针
⑩	22针	减2针
⑨ ⑧ ⑦ ⑥ ⑤	24针	没有加减针
④	24针	加6针
③	18针	加6针
②	12针	加6针
①	绕线环起针钩6针短针	

前腿2片

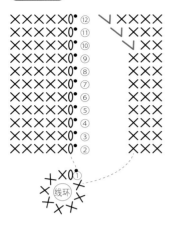

行数	针数	加减针
⑫	11针	加1针
⑪	10针	加1针
⑩	9针	加1针
⑨		
⑧		
⑦		
⑥	8针	没有加减针
⑤		
④		
③		
②		
①	绕线环起针钩8针短针	

后腿2片

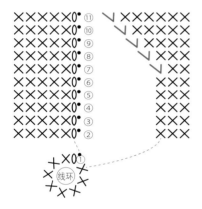

行数	针数	加减针
⑪	13针	加1针
⑩	12针	加1针
⑨	11针	加1针
⑧	10针	加1针
⑦	9针	加1针
⑥		
⑤		
④	8针	没有加减针
③		
②		
①	绕线环起针钩8针短针	

耳朵2片

下

上

毛线留出30cm后
开始钩织

行数	针数	加减针
④	5针	没有加减针
③		
②	5针	加2针
①	锁针起针钩3针短针	

口鼻部分1片

下

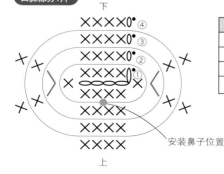

安装鼻子位置

上

行数	针数	加减针
④	12针	没有加减针
③		
②	12针	加2针
①	锁针起针钩10针短针	

尾巴1片

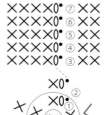

行数	针数	加减针
⑦		
⑥		
⑤	6针	没有加减针
④		
③		
②	6针	加1针
①	绕线环起针钩5针短针	

蝴蝶犬　坐姿　<u>p.10</u>

完成尺寸：高27cm、长18cm

工具和材料

部位		使用毛线	颜色	色号	使用量	股数	使用钩针
基础部分	A	和麻纳卡 BONNY	白色	401	80g	1股	9/0号
		和麻纳卡 Piccolo	白色	1	25g	1股	
	B	和麻纳卡 BONNY	深米色	418	20g	1股	9/0号
		和麻纳卡 Piccolo	金茶色	21	10g	1股	
植毛	C	和麻纳卡 Piccolo	白色	1	40g	2股	
		和麻纳卡 MOHAIR	白色	1	40g	2股	
	D	和麻纳卡 Piccolo	金茶色	21	20g	2股	
		和麻纳卡 MOHAIR	茶色	92	20g	2股	

配件		填充棉
眼睛/15mm		40g
鼻子/▼21mm		

● 使用 BONNY、Piccolo 线各1股，共2股钩织基础部分。

植毛

植毛位置	使用毛线	毛发长度（cm）
头部	C、D	1.5～8
身体	C、D	6～8
尾巴	C	7
口鼻部分	C	1.5
腿	C	5（仅缝合连接部分）
耳朵	D	9

正面　　　　　　　侧面　　　　　　　背面

植毛的长度和面部各部分的位置

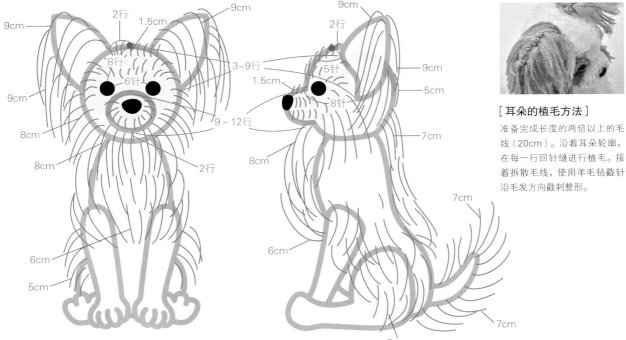

［耳朵的植毛方法］

准备完成长度的两倍以上的毛线（20cm）。沿着耳朵轮廓，在每一行回针缝进行植毛。接着拆散毛线，使用羊毛毡戳针沿毛发方向戳刺整形。

● 使用 Piccolo、MOHAIR 线各2股，共4股进行植毛。

● 朝向正面的耳朵部分为白色。　● 耳朵植毛前，先使用毛刷在耳朵的正面、反面刮绒。

● 面部按照钩织花样的颜色进行植毛（参照p.60头部钩织图解）。　● 后背和尾巴的缝合连接处使用D线植毛（选择自己喜欢的位置即可）。

● 腿只需要在和身体缝合连接的部分植毛，爪子不需要植毛。

● 从额头至头部后侧（ 部分），使用羊毛毡戳针沿头部形状戳刺成形。

钩织图解 ∧ = $\overset{\wedge}{\wedge}$　∨ = $\overset{\vee}{\vee}$　　♥ = 1针放5针短针　　　♦ = 变化的3针中长针枣形针（参照p.46）　　□ = A线　　▨ = B线

身体1片

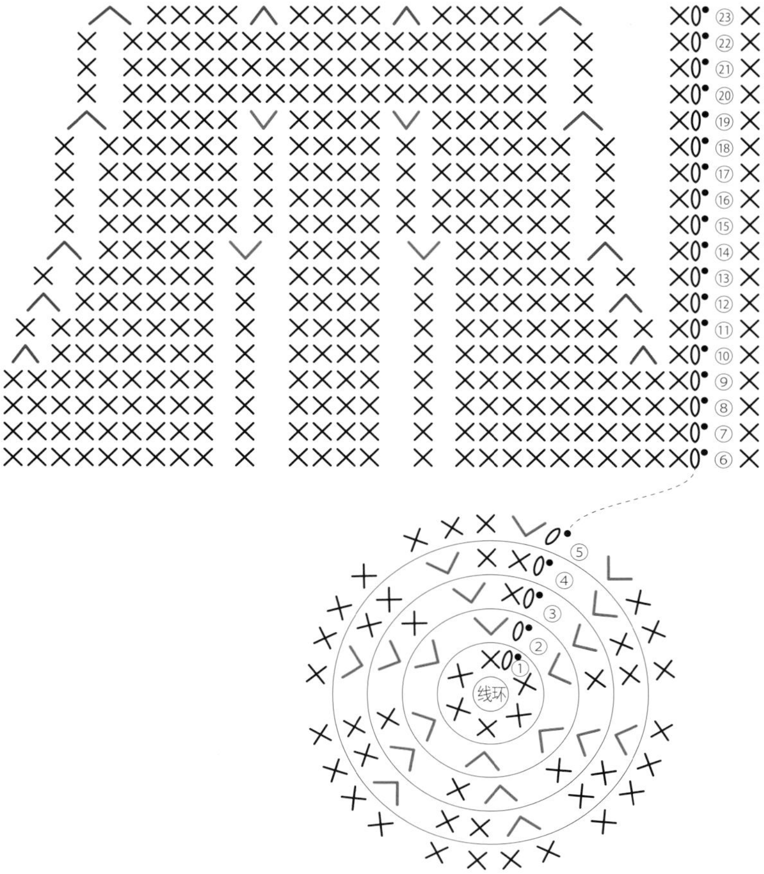

前中心

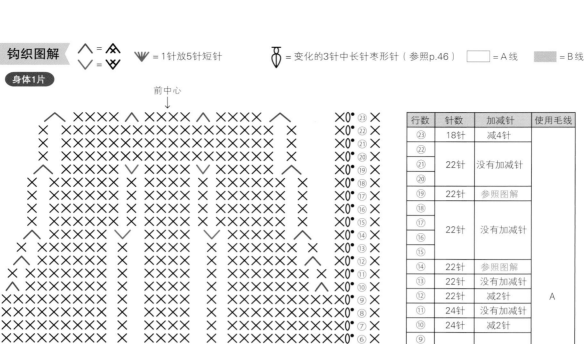

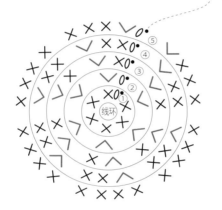

行数	针数	加减针	使用毛线
㉓	18针	减4针	A
㉒	22针	没有加减针	
㉑			
⑳			
⑲	22针	参照图解	
⑱	22针	没有加减针	
⑰			
⑯			
⑮			
⑭	22针	参照图解	
⑬	22针	没有加减针	
⑫	22针	减2针	
⑪	24针	没有加减针	
⑩	24针	减2针	
⑨	26针	没有加减针	
⑧			
⑦			
⑥			
⑤	26针	加2针	
④	24针	加6针	
③	18针	加6针	
②	12针	加6针	
①	绕线环起针钩6针短针		

头部1片

前中心

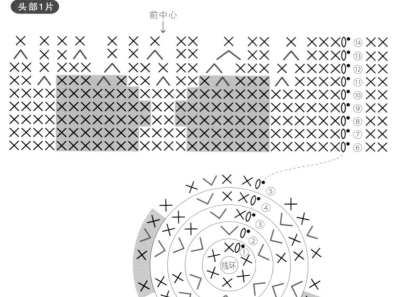

行数	针数	加减针	使用毛线
⑭	18针	没有加减针	A
⑬	18针	减5针	
⑫	23针	减2针	
⑪	25针	减5针	
⑩	30针	没有加减针	A / B
⑨			
⑧			
⑦			
⑥			
⑤	30针	加6针	A
④	24针	加6针	
③	18针	加6针	
②	12针	加6针	
①	绕线环起针钩6针短针		

60

前腿2片

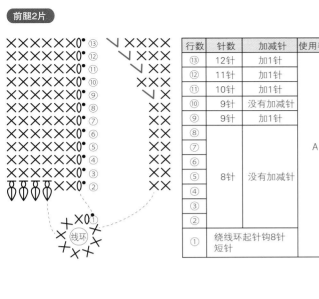

行数	针数	加减针	使用毛线
⑬	12针	加1针	
⑫	11针	加1针	
⑪	10针	加1针	
⑩	9针	没有加减针	
⑨	9针	加1针	
⑧			
⑦			
⑥			A
⑤	8针	没有加减针	
④			
③			
②			
①	绕线环起针钩8针短针		

耳朵2片

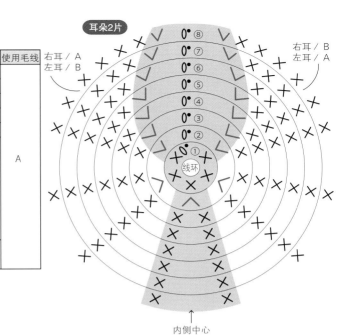

右耳／A
左耳／B

右耳／B
左耳／A

内侧中心

行数	针数	加减针	使用毛线
⑧	22针	加2针	
⑦	20针	加2针	
⑥	18针	加2针	
⑤	16针	加2针	A／B
④	14针	加2针	
③	12针	加2针	
②	10针	加5针	
①	绕线环起针钩5针短针		B

后腿2片

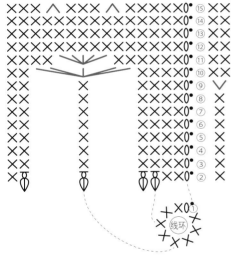

行数	针数	加减针	使用毛线
⑮	15针	减2针	
⑭			
⑬	17针	没有加减针	
⑫			
⑪	17针	加4针	
⑩	13针	加4针	
⑨	9针	加1针	
⑧			A
⑦			
⑥			
⑤	8针	没有加减针	
④			
③			
②			
①	绕线环起针钩8针短针		

口鼻部分1片

下

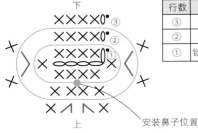

上

安装鼻子位置

行数	针数	加减针	使用毛线
③	14针	加2针	
②	12针	加2针	A
①	锁针起针钩10针短针		

尾巴1片

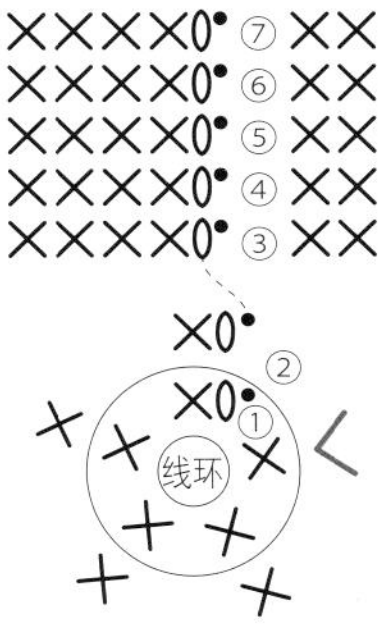

行数	针数	加减针	使用毛线
⑦			
⑥			
⑤	6针	没有加减针	
④			A
③			
②	6针	加1针	
①	绕线环起针钩5针短针		

长毛吉娃娃　卧姿　p.12

完成尺寸：高18cm、长26cm

工具和材料

部位		使用毛线	颜色	色号	使用量	股数	使用钩针
基础部分	A	和麻纳卡 BONNY	米黄色	417	80g	1股	8/0号
	B	和麻纳卡 BONNY	白色	401	60g	1股	8/0号
植毛	C	和麻纳卡 Piccolo	浅米色	16	40g	2股	
		和麻纳卡 MOHAIR	奶黄色	15	40g	2股	
	D	和麻纳卡 Piccolo	白色	1	20g	2股	
		和麻纳卡 MOHAIR	白色	1	20g	2股	

配件	填充棉
眼睛/18mm	40g
鼻子/▼21mm	

● 使用1股BONNY线钩织基础部分。

植毛

植毛位置	使用毛线	毛发长度(cm)
头部	C、D	2～6
身体		4～8
尾巴		8
口鼻部分	C	1～1.5
腿	C、D	3
耳朵		4

正面　　　　　　　侧面　　　　　　　背面

植毛的长度和面部各部分的位置

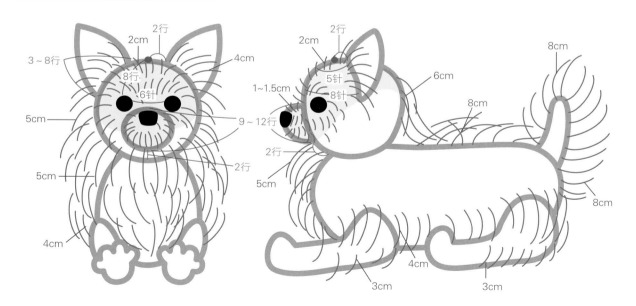

2cm　2行　4cm
3～8行　8行　6针　5cm　5cm　4cm

2行　2cm　5针　8针　1～1.5cm　9～12行　2行　5cm　2行　3cm　3cm　4cm
6cm　8cm　8cm　8cm

● 使用Piccolo、MOHAIR线各2股，共4股进行植毛。
● 耳朵使用毛刷在正面、反面刮绒。
● 耳朵前侧的毛发使用C线和D线混合。耳朵周围在外侧下方的3行进行植毛。
● 面部和胸部按照钩织花样的颜色进行植毛（参照p.63身体和头部钩织图解）。
● 从额头至头部后侧（　　部分），使用羊毛毡戳针沿头部形状戳刺成形。
● 腿只需要在和身体缝合连接的部分植毛，爪子不需要植毛。
● 尾巴靠后背一侧使用C线，靠屁股一侧使用D线植毛。

∧ = ⋏ ∨ = 1针放3针短针
∨ = ⋎ ⋎ = 1针放5针短针

= 变化的3针中长针枣形针（参照p.46）　　= A线　　□ = B线

身体1片

前　　毛线穿过最后一行的6针，抽紧收口（收口前塞满填充棉）

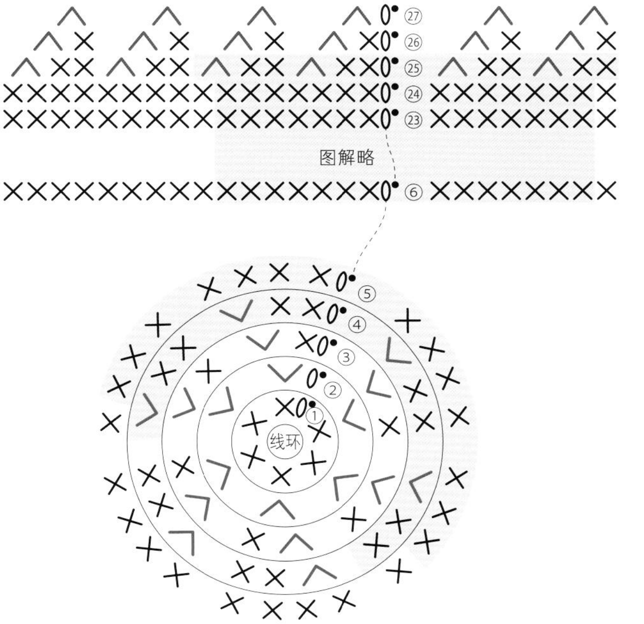

图解略

行数	针数	加减针	使用毛线
㉗	6针	减6针	B
㉖	12针	减6针	
㉕	18针	减6针	
㉔ ～ ⑤	24针	没有加减针	A / B
④	24针	加6针	
③	18针	加6针	
②	12针	加6针	B
①	绕线环起针钩6针短针		

头部1片

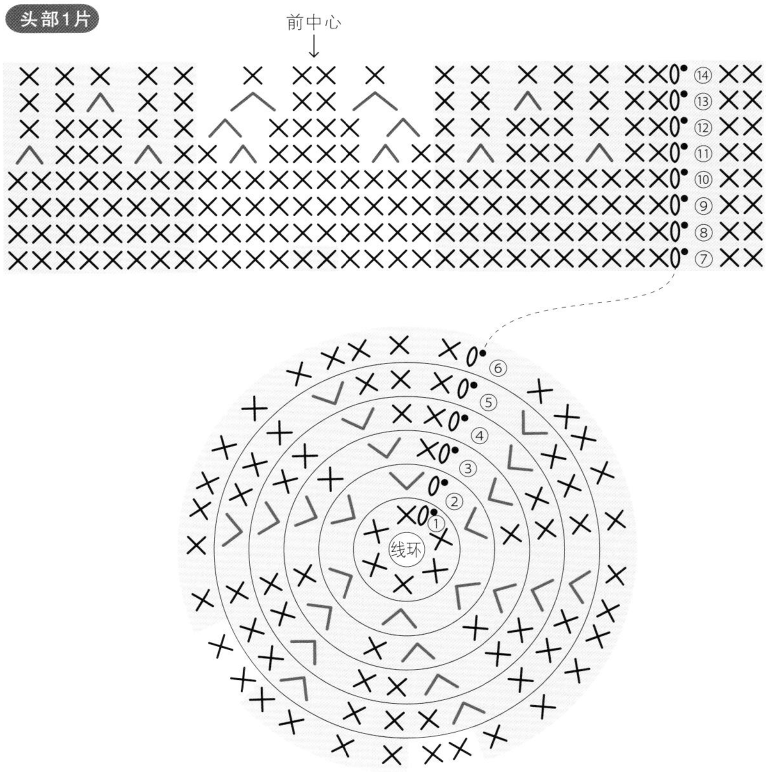

前中心

行数	针数	加减针	使用毛线
⑭	18针	没有加减针	A / B
⑬	18针	减4针	
⑫	22针	减2针	
⑪	24针	减6针	
⑩ ⑨ ⑧ ⑦ ⑥	30针	没有加减针	
⑤	30针	加6针	A
④	24针	加6针	
③	18针	加6针	
②	12针	加6针	
①	绕线环起针钩6针短针		

前腿2片

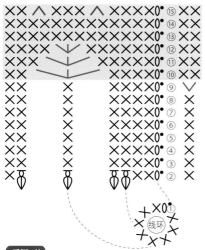

行数	针数	加减针	使用毛线
⑮	13针	减2针	A
⑭	15针	没有加减针	A
⑬			A
⑫	15针	加2针	A
⑪	13针	加2针	A
⑩	11针	加2针	A
⑨	9针	加1针	B
⑧	8针	没有加减针	B
⑦			B
⑥			B
⑤			B
④			B
③			B
②			B
①	绕线环起针钩8针短针		B

后腿2片

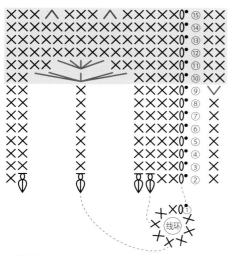

行数	针数	加减针	使用毛线
⑮	15针	减2针	A
⑭	17针	没有加减针	A
⑬			A
⑫			A
⑪	17针	加4针	A
⑩	13针	加4针	A
⑨	9针	加1针	B
⑧	8针	没有加减针	B
⑦			B
⑥			B
⑤			B
④			B
③			B
②			B
①	绕线环起针钩8针短针		B

口鼻部分1片

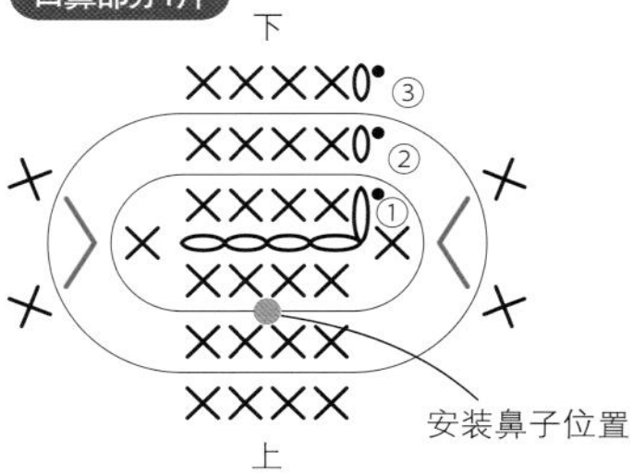

下

安装鼻子位置

上

行数	针数	加减针	使用毛线
③	12针	没有加减针	B
②	12针	加2针	B
①	锁针起针钩10针短针		B

尾巴1片

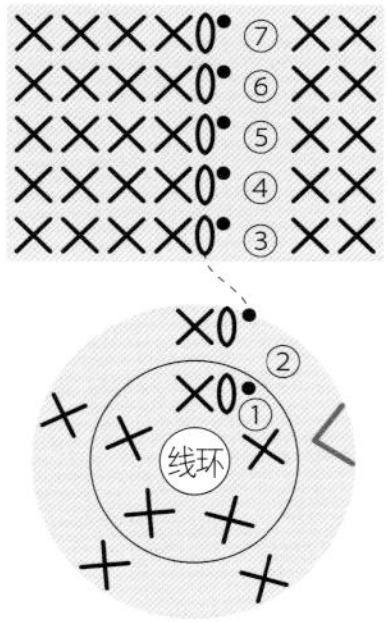

行数	针数	加减针	使用毛线
⑦	6针	没有加减针	A
⑥			A
⑤			A
④			A
③			A
②	6针	加1针	A
①	绕线环起针钩5针短针		A

耳朵2片

右耳／B
左耳／A

右耳／A
左耳／B

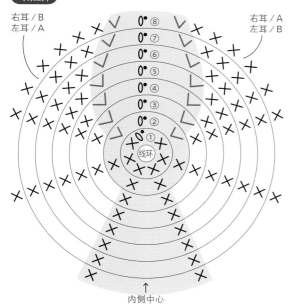

内侧中心

行数	针数	加减针	使用毛线
⑧	20针	加2针	A／B
⑦	18针	加2针	A／B
⑥	16针	加2针	A／B
⑤	14针	加2针	A／B
④	12针	加2针	A／B
③	10针	加2针	A／B
②	8针	加2针	A
①	绕线环起针钩6针短针		A

长毛吉娃娃　坐姿　p.13

完成尺寸：高24cm、长18cm

工具和材料

部位		使用毛线	颜色	色号	使用量	股数	使用钩针
基础部分	A	和麻纳卡 BONNY	黑色	402	80g	1股	8/0号
	B	和麻纳卡 BONNY	白色	401	60g	1股	8/0号
植毛	C	和麻纳卡 Piccolo	黑色	20	40g	2股	
		和麻纳卡 MOHAIR	黑色	25	40g	2股	
	D	和麻纳卡 Piccolo	白色	1	20g	2股	
		和麻纳卡 MOHAIR	白色	1	20g	2股	

配件	填充棉
眼睛/18mm	40g
鼻子/▼21mm	

●使用1股BONNY线钩织基础部分。

植毛

植毛位置	使用毛线	毛发长度（cm）
头部	C、D	2～6
身体	C、D	4～8
尾巴	C、D	8
口鼻部分	D	1～1.5
腿	C、D	3～4
耳朵	C、D	4

正面　　　　　　侧面　　　　　　背面

植毛的长度和面部各部分的位置

眉毛位置

参照p.52

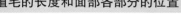

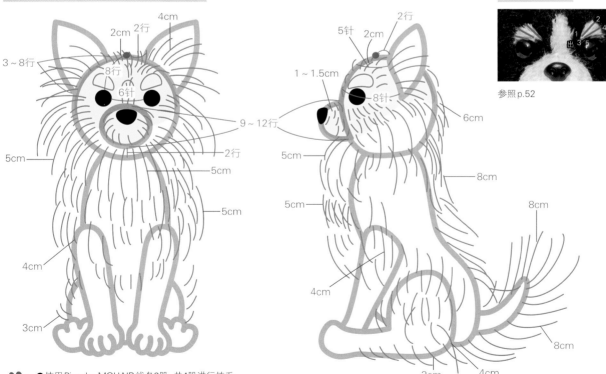

●使用Piccolo、MOHAIR线各2股，共4股进行植毛。
●耳朵使用毛刷在正面、反面刮绒。　　●耳朵前侧的毛发使用C线和D线混合。耳朵周围在外侧下方的3行进行植毛。
●面部和胸部按照钩织花样的颜色进行植毛（参照p.66身体和头部钩织图解）。
●从额头至头部后侧（　　　部分），使用羊毛毡戳针沿头部形状戳刺成形。
●腿只需要在和身体缝合连接的部分植毛，爪子不需要植毛。　　●刺绣眉毛，再使用羊毛毡戳针戳刺固定。
●尾巴靠后背一侧使用C线，靠屁股一侧使用D线植毛。

∧ = 😊 ∨ = 😊 　 ₩ = 1针放5针短针　 🖋 = 变化的3针中长针枣形针（参照p.46）　 ▨ = A线　 ▢ = B线

身体1片

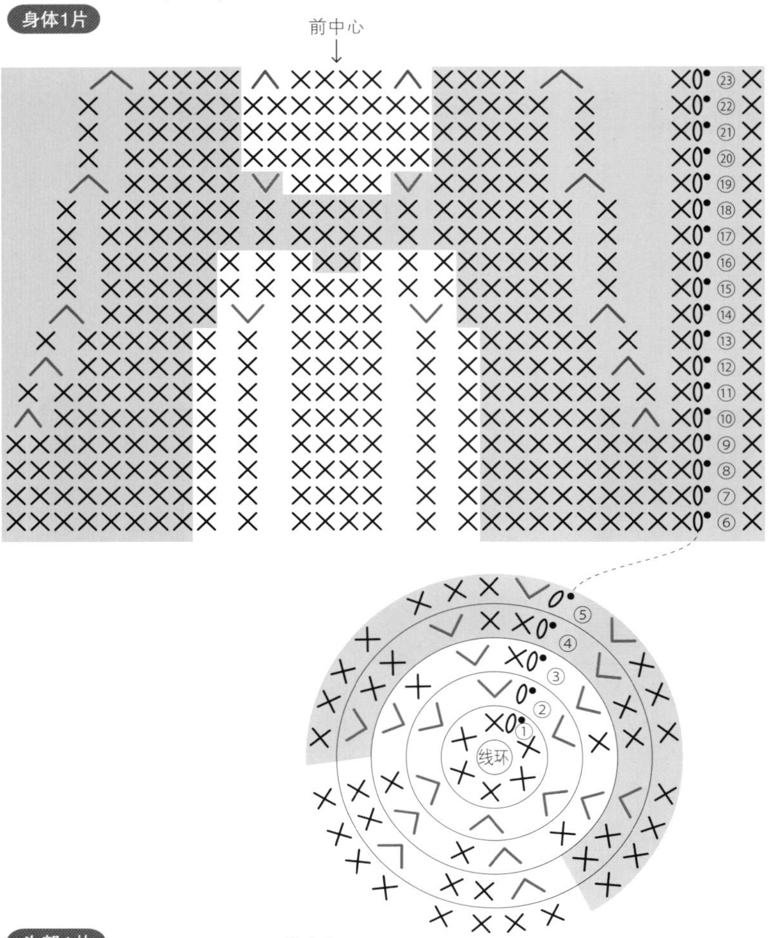

前中心 →

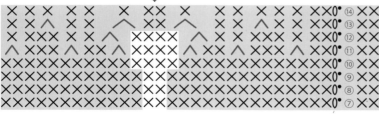

线环

行数	针数	加减针	使用毛线
㉓	18针	减4针	
㉒			
㉑	22针	没有加减针	A / B
⑳			
⑲	22针	参照图解	
⑱			A
⑰	22针	没有加减针	
⑯			
⑮			
⑭	22针	参照图解	
⑬	22针	没有加减针	
⑫	22针	减2针	
⑪	24针	没有加减针	A / B
⑩	24针	减2针	
⑨			
⑧	26针	没有加减针	
⑦			
⑥			
⑤	26针	加2针	
④	24针	加6针	
③	18针	加6针	
②	12针	加6针	B
①	绕线环起针钩6针短针		

头部1片

前中心 →

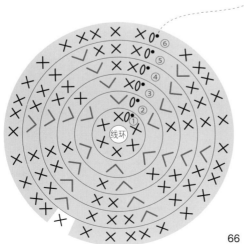

线环

行数	针数	加减针	使用毛线
⑭	18针	没有加减针	A
⑬	18针	减4针	
⑫	22针	减2针	
⑪	24针	减6针	
⑩			A / B
⑨			
⑧	30针	没有加减针	
⑦			
⑥			
⑤	30针	加6针	
④	24针	加6针	
③	18针	加6针	A
②	12针	加6针	
①	绕线环起针钩6针短针		

前腿2片

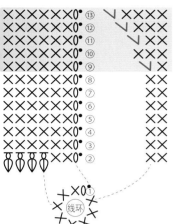

行数	针数	加减针	使用毛线
⑬	12针	加1针	
⑫	11针	加1针	
⑪	10针	加1针	A
⑩	9针	没有加减针	
⑨	9针	加1针	
⑧			
⑦			
⑥			
⑤	8针	没有加减针	
④			B
③			
②			
①	绕线环起针钩8针短针		

耳朵2片

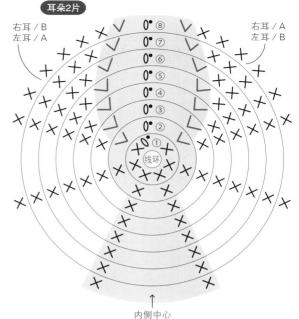

右耳／B　左耳／A　　　右耳／A　左耳／B

内侧中心

行数	针数	加减针	使用毛线
⑧	20针	加2针	
⑦	18针	加2针	
⑥	16针	加2针	
⑤	14针	加2针	A／B
④	12针	加2针	
③	10针	加2针	
②	8针	加2针	
①	绕线环起针钩6针短针		A

后腿2片

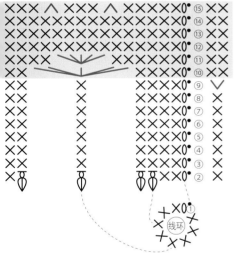

行数	针数	加减针	使用毛线
⑮	15针	减2针	
⑭			
⑬	17针	没有加减针	A
⑫			
⑪	17针	加4针	
⑩	13针	加4针	
⑨	9针	加1针	
⑧			
⑦			
⑥			
⑤	8针	没有加减针	
④			B
③			
②			
①	绕线环起针钩8针短针		

口鼻部分1片

下

上

安装鼻子位置

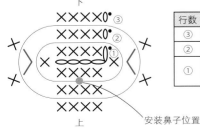

行数	针数	加减针	使用毛线
③	12针	没有加减针	
②	12针	加2针	B
①	锁针起针钩10针短针		

尾巴1片

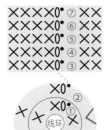

行数	针数	加减针	使用毛线
⑦			
⑥			
⑤	6针	没有加减针	A
④			
③			
②	6针	加1针	
①	绕线环起针钩5针短针		

博美犬　坐姿　p.16

完成尺寸：高30cm、长24cm

工具和材料

部位		使用毛线	颜色	色号	使用量	股数	使用钩针
基础部分	A	和麻纳卡 BONNY	深米色	418	180g	2股	10/0号
	B	和麻纳卡 BONNY	深米色	418	50g	1股	9/0号
		和麻纳卡 Piccolo	金茶色	21	20g	1股	
		和麻纳卡 MOHAIR	茶色	92	20g	1股	
基础部分/植毛	C	和麻纳卡 Piccolo	金茶色	21	100g	2股	7/0号（基础部分使用）
		和麻纳卡 MOHAIR	茶色	92	90g	2股	

配件	填充棉
眼睛/15mm	50g
鼻子/▼21mm	

●使用A线（2股）钩织头部、身体、尾巴，使用B线（3股）钩织口鼻部分和腿，使用C线（4股）钩织耳朵。

植毛

植毛位置	使用毛线	毛发长度（cm）
头部	C	3～6
身体		6～9
尾巴		8～10
口鼻部分		1
腿		2～4
耳朵		不需要植毛

正面

侧面

背面

植毛的长度和面部各部分的位置

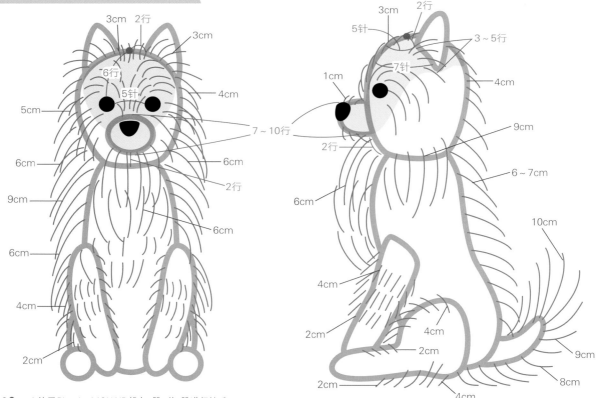

●使用Piccolo、MOHAIR线各2股，共4股进行植毛。
●耳朵使用毛刷在正面、反面刮绒。　●使用羊毛毡戳针沿毛发方向戳刺整形（参照p.51）。
●从额头至头部后侧（　　部分），使用羊毛毡戳针沿头部形状戳刺成形。
●腿部从大腿向爪子方向渐渐变细，使用羊毛毡戳针戳刺固定植入的毛线。

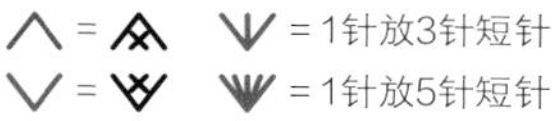

∧ = ⋀⋀ ∨ = ⋁⋁ = 1针放3针短针

∨ = ⋁⋁⋁ = 1针放5针短针

身体1片

前中心

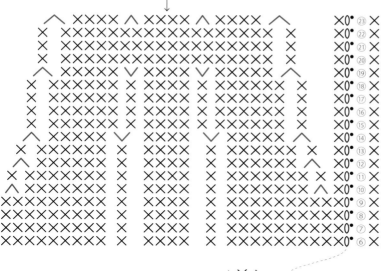

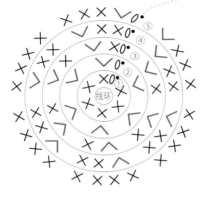

行数	针数	加减针	使用毛线
㉓	18针	减4针	
㉒			
㉑	22针	没有加减针	
⑳			
⑲	22针	参照图解	
⑱			
⑰	22针	没有加减针	
⑯			
⑮			
⑭	22针	参照图解	
⑬	22针	没有加减针	
⑫	22针	减2针	
⑪	24针	没有加减针	A
⑩	24针	减2针	
⑨			
⑧	26针	没有加减针	
⑦			
⑥			
⑤	26针	加2针	
④	24针	加6针	
③	18针	加6针	
②	12针	加6针	
①	绕线环起针钩6针短针		

头部1片

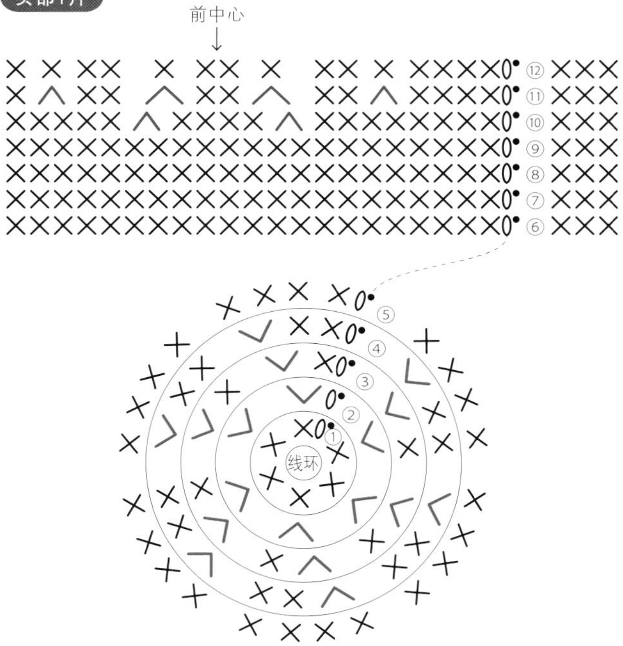

前中心

行数	针数	加减针	使用毛线
⑫	18针	没有加减针	
⑪	18针	减4针	
⑩	22针	减2针	
⑨			
⑧			
⑦	24针	没有加减针	A
⑥			
⑤			
④	24针	加6针	
③	18针	加6针	
②	12针	加6针	
①	绕线环起针钩6针短针		

前腿2片

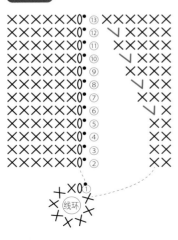

行数	针数	加减针	使用毛线
⑬	12针	没有加减针	
⑫	12针	加1针	
⑪	11针	没有加减针	
⑩	11针	加1针	
⑨	10针	没有加减针	
⑧	10针	加1针	
⑦	9针	没有加减针	
⑥	9针	加1针	B
⑤			
④	8针	没有加减针	
③			
②			
①	绕线环起针钩8针短针		

耳朵2片

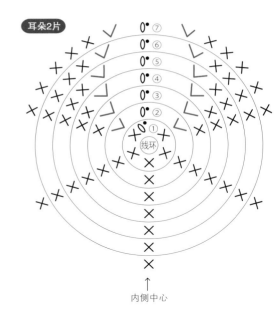

↑
内侧中心

行数	针数	加减针	使用毛线
⑦	17针	加2针	
⑥	15针	加2针	
⑤	13针	加2针	
④	11针	加2针	C
③	9针	加2针	
②	7针	加2针	
①	绕线环起针钩5针短针		

后腿2片

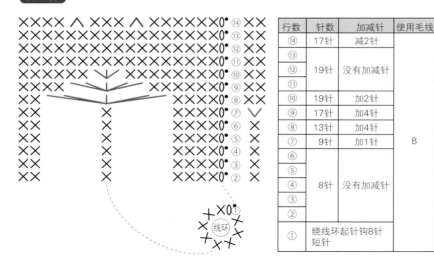

行数	针数	加减针	使用毛线
⑭	17针	减2针	
⑬			
⑫	19针	没有加减针	
⑪			
⑩	19针	加2针	
⑨	17针	加4针	
⑧	13针	加4针	
⑦	9针	加1针	B
⑥			
⑤			
④	8针	没有加减针	
③			
②			
①	绕线环起针钩8针短针		

口鼻部分1片

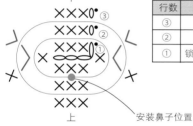

下

上

安装鼻子位置

行数	针数	加减针	使用毛线
③	12针	加2针	
②	10针	加2针	B
①	锁针起针钩8针短针		

尾巴1片

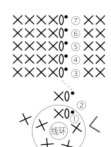

行数	针数	加减针	使用毛线
⑦			
⑥			
⑤	6针	没有加减针	
④			A
③			
②	6针	加1针	
①	绕线环起针钩5针短针		

博美犬　立姿　p.19

完成尺寸：高27cm、长30cm

工具和材料

部位		使用毛线	颜色	色号	使用量	股数	使用钩针
基础部分	A	和麻纳卡 BONNY	黑色	402	200g	2股	10/0号
	B	和麻纳卡 BONNY	深米色	418	50g	1股	9/0号
		和麻纳卡 Piccolo	金茶色	21	20g	1股	
		和麻纳卡 MOHAIR	茶色	92	20g	1股	
基础部分/植毛	C	和麻纳卡 Piccolo	黑色	20	70g	2股	7/0号（基础部分使用）
		和麻纳卡 MOHAIR	黑色	25	70g	2股	
植毛	D	和麻纳卡 Piccolo	金茶色	21	20g	2股	
		和麻纳卡 MOHAIR	茶色	92	20g	2股	

配件		填充棉
眼睛/15mm		50g
鼻子/▼21mm		

●使用A线（2股）钩织头部、身体、尾巴，使用B线（3股）钩织口鼻部分和腿，使用C线（4股）钩织耳朵。

植毛

植毛位置	使用毛线	毛发长度（cm）
头部	C、D	3～6
身体		6～9
尾巴		8～10
口鼻部分	D	1
腿	C、D	2～4
耳		不需要植毛

正面　　　侧面　　　背面

植毛的长度和面部各部分的位置

眉毛位置

参照p.52

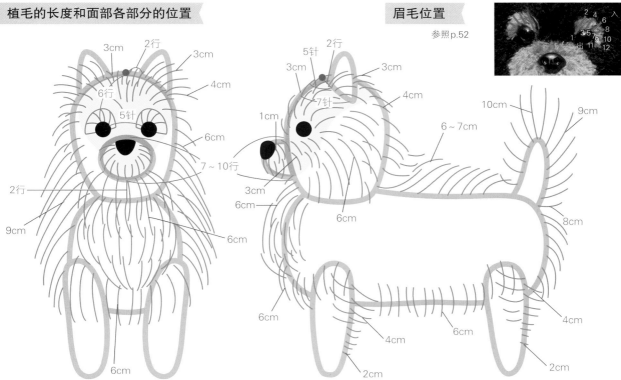

●使用Piccolo、MOHAIR线各2股，共4股进行植毛。
●胸部的毛发、腿部与身体缝合连接部分后侧的毛发使用D线植毛。
●从额头至头部后侧（　　　部分），使用羊毛毡戳针沿头部形状戳刺成形。
●刺绣眉毛，再使用羊毛毡戳针戳刺固定。
●尾巴靠后背一侧使用C线，靠屁股一侧使用D线植毛。

钩织图解

身体1片

前　　毛线穿过最后一行的6针，抽紧收口（收口前塞满填充棉）

图解略

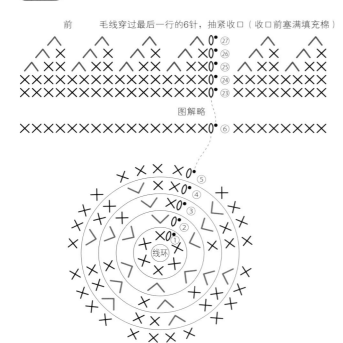

行数	针数	加减针	使用毛线
㉗	6针	减6针	
㉖	12针	减6针	
㉕	18针	减6针	
㉔ ≀ ⑤	24针	没有加减针	A
④	24针	加6针	
③	18针	加6针	
②	12针	加6针	
①	绕线环起针钩6针短针		

头部1片

前中心

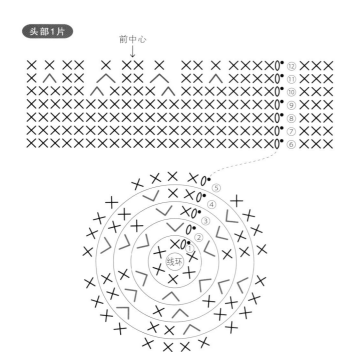

行数	针数	加减针	使用毛线
⑫	18针	没有加减针	
⑪	18针	减4针	
⑩	22针	减2针	
⑨ ⑧ ⑦ ⑥ ⑤	24针	没有加减针	A
④	24针	加6针	
③	18针	加6针	
②	12针	加6针	
①	绕线环起针钩6针短针		

前腿2片

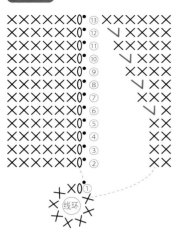

行数	针数	加减针	使用毛线
⑬	12针	没有加减针	
⑫	12针	加1针	
⑪	11针	没有加减针	
⑩	11针	加1针	
⑨	10针	没有加减针	
⑧	10针	加1针	
⑦	9针	没有加减针	B
⑥	9针	加1针	
⑤			
④	8针	没有加减针	
③			
②			
①	绕线环起针钩8针短针		

耳朵2片

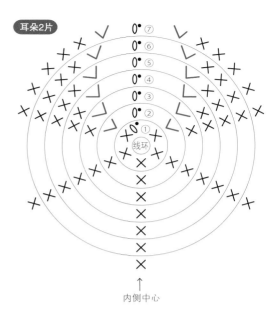

内侧中心

行数	针数	加减针	使用毛线
⑦	17针	加2针	
⑥	15针	加2针	
⑤	13针	加2针	
④	11针	加2针	C
③	9针	加2针	
②	7针	加2针	
①	绕线环起针钩5针短针		

后腿2片

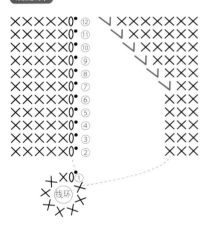

行数	针数	加减针	使用毛线
⑫	14针	加1针	
⑪	13针	加1针	
⑩	12针	加1针	
⑨	11针	加1针	
⑧	10针	加1针	
⑦	9针	加1针	
⑥			B
⑤			
④	8针	没有加减针	
③			
②			
①	绕线环起针钩8针短针		

口鼻部分1片

下

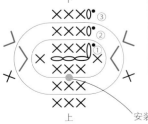

上

安装鼻子位置

行数	针数	加减针	使用毛线
③	12针	加2针	
②	10针	加2针	B
①	锁针起针钩8针短针		

尾巴1片

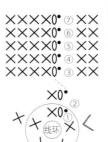

行数	针数	加减针	使用毛线
⑦			
⑥			
⑤	6针	没有加减针	
④			A
③			
②	6针	加1针	
①	绕线环起针钩针5短针		

腊肠犬 卧姿 <u>p.21</u>

完成尺寸：高21cm、长33cm

工具和材料

部位		使用毛线	颜色	色号	使用量	股数	使用钩针
基础部分		和麻纳卡 BONNY	米黄色	417	250g	2股	10/0号
植毛	A	和麻纳卡 Piccolo	浅米色	16	100g	2股	
		和麻纳卡 MOHAIR	奶黄色	15	90g	2股	

配件	填充棉
眼睛/15mm	60g
鼻子/■20mm	

● 使用2股 BONNY 线钩织基础部分。

植毛

植毛位置	使用毛线	毛发长度（cm）
头部		3～7
身体		3～7
尾巴	A	9
口鼻部分		2
腿		4
耳朵		14

正面　　　　　　　　　　　　侧面　　　　　　　　　　　　背面

植毛的长度和面部各部分的位置

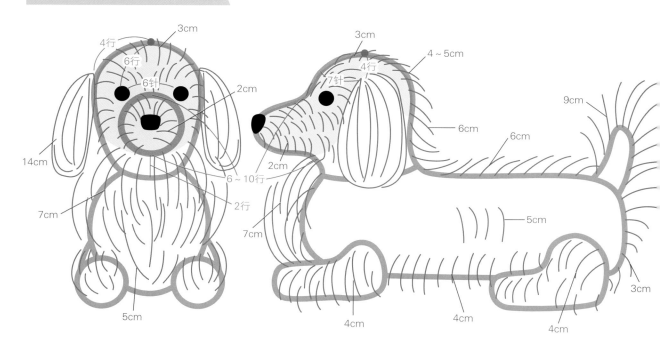

 ● 使用Piccolo、MOHAIR线各2股，共4股进行植毛。

● 耳朵参照p.52［卷线制作耳朵的方法］。腊肠犬使用长14cm的厚卡纸。

● 从额头至头部后侧（　　　部分），使用羊毛毡戳针沿头部形状戳刺成形。

钩织图解

 ∧ = （symbol） ∨ = （symbol）   ↓ = 1针放3针短针

 身体1片

前　　　毛线穿过最后一行的6针，抽紧收口（收口前塞满填充棉）

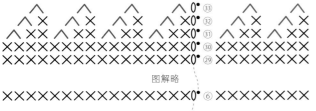

图解略

行数	针数	加减针
㉝	6针	减6针
㉜	12针	减6针
㉛	18针	减6针
㉚ ～ ⑤	24针	没有加减针
④	24针	加6针
③	18针	加6针
②	12针	加6针
①	绕线环起针钩6针短针	

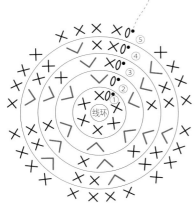

头部1片

前中心
↓

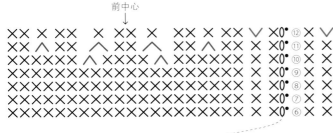

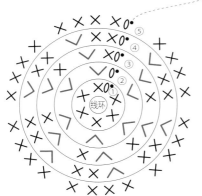

行数	针数	加减针
⑫	20针	加2针
⑪	18针	减4针
⑩	22针	减2针
⑨ ⑧ ⑦ ⑥ ⑤	24针	没有加减针
④	24针	加6针
③	18针	加6针
②	12针	加6针
①	绕线环起针钩6针短针	

前腿2片

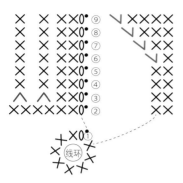

行数	针数	加减针
⑨	10针	加1针
⑧	9针	加1针
⑦	8针	加1针
⑥	7针	加1针
⑤	6针	没有加减针
④		
③	6针	减2针
②	8针	没有加减针
①	绕线环起针钩8针短针	

后腿2片

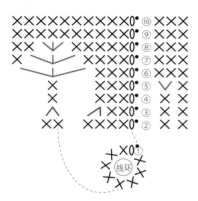

行数	针数	加减针
⑩	13针	没有加减针
⑨		
⑧	13针	加2针
⑦	11针	加2针
⑥	9针	加2针
⑤	7针	加1针
④	6针	没有加减针
③	6针	减2针
②	8针	没有加减针
①	绕线环起针钩8针短针	

口鼻部分1片

下

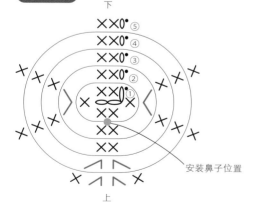

安装鼻子位置

上

行数	针数	加减针
⑤	12针	加2针
④	10针	加2针
③	8针	没有加减针
②	8针	加2针
①	锁针起针钩6针短针	

尾巴1片

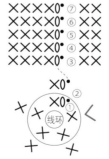

行数	针数	加减针
⑦		
⑥		
⑤	6针	没有加减针
④		
③		
②	6针	加1针
①	绕线环起针钩5针短针	

腊肠犬 立姿 p.24

完成尺寸：高24cm、长33cm

工具和材料

部位		使用毛线	颜色	色号	使用量	股数	使用钩针
基础部分	A	和麻纳卡 BONNY	焦茶色	419	210g	2股	10/0号
	B	和麻纳卡 BONNY	深米色	418	50g	2股	10/0号
植毛	C	和麻纳卡 Piccolo	焦茶色	17	90g	2股	
		和麻纳卡 MOHAIR	焦茶色	52	80g	2股	
	D	和麻纳卡 Piccolo	金茶色	21	10g	2股	
		和麻纳卡 MOHAIR	茶色	92	10g	2股	

配件	填充棉
眼睛/15mm	60g
鼻子/■20mm	

●使用2股BONNY线钩织基础部分。

植毛

植毛位置	使用毛线	毛发长度（cm）
头部	C、D	2~7
身体	C、D	3~6
尾巴	C	9
口鼻部分	C、D	2
腿	C	仅缝合连接部分
耳朵	C	5~7

正面　　　　　　　侧面　　　　　　　背面

植毛的长度和面部各部分的位置

眉毛位置

参照p.52

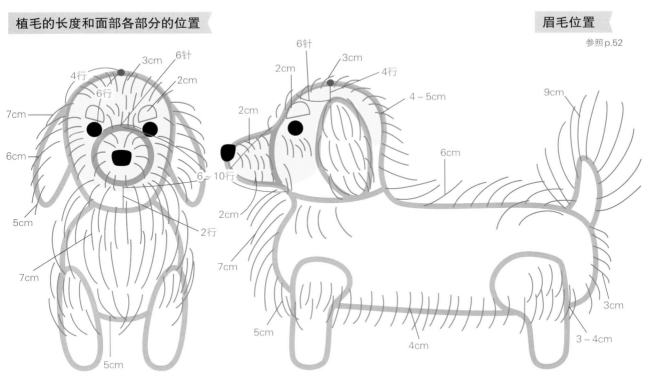

●使用Piccolo、MOHAIR线各2股，共4股进行植毛。
●刺绣眉毛，再使用羊毛毡戳针戳刺固定。
●面部植毛（　　部分）使用羊毛毡戳针戳刺固定，和头部形成一体。
●胸部的毛发使用D线植毛。※植毛长度按自己喜好即可。

钩织图解

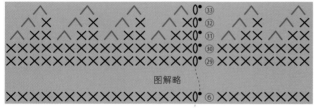

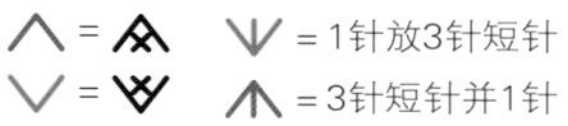

∧ = 1针放3针短针

∨ = 3针短针并1针

= A线　　= B线

身体1片

前　　毛线穿过最后一行的6针，抽紧收口（收口前塞满填充棉）

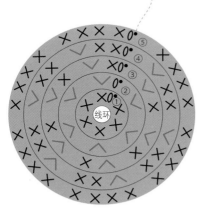

图解略

行数	针数	加减针	使用毛线
㉝	6针	减6针	
㉜	12针	减6针	
㉛	18针	减6针	
㉚ ～ ⑤	24针	没有加减针	A
④	24针	加6针	
③	18针	加6针	
②	12针	加6针	
①	绕线环起针钩6针短针		

头部1片

前中心

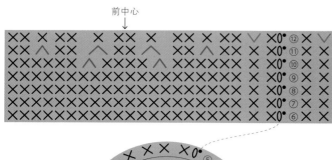

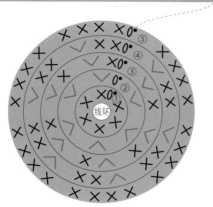

行数	针数	加减针	使用毛线
⑫	20针	加2针	
⑪	18针	减4针	
⑩	22针	减2针	
⑨ ⑧ ⑦ ⑥ ⑤	24针	没有加减针	A
④	24针	加6针	
③	18针	加6针	
②	12针	加6针	
①	绕线环起针钩6针短针		

前腿2片

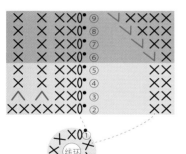

行数	针数	加减针	使用毛线
⑨	10针	加1针	A
⑧	9针	加1针	
⑦	8针	加1针	
⑥	7针	加1针	
⑤	6针	没有加减针	B
④			
③	6针	减2针	
②	8针	没有加减针	
①	绕线环起针钩8针短针		

后腿2片

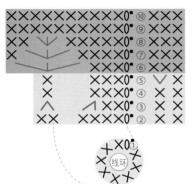

行数	针数	加减针	使用毛线
⑩	13针	没有加减针	A
⑨			
⑧	13针	加2针	
⑦	11针	加2针	
⑥	9针	加2针	
⑤	7针	加1针	B
④	6针	没有加减针	
③	6针	减2针	
②	8针	没有加减针	
①	绕线环起针钩8针短针		

耳朵2片

下

毛线留出30cm后开始钩织

行数	针数	加减针	使用毛线
⑧	1针	减2针	A
⑦	3针	减2针	
⑥	5针	没有加减针	
⑤			
④			
③			
②	5针	加2针	
①	锁针起针钩3针短针		

上

口鼻部分1片

下

安装鼻子位置

上

行数	针数	加减针	使用毛线
⑤	12针	加2针	A / B
④	10针	加2针	
③	8针	没有加减针	
②	8针	加2针	
①	锁针起针钩6针短针		B

尾巴1片

行数	针数	加减针	使用毛线
⑦	6针	没有加减针	A
⑥			
⑤			
④			
③			
②	6针	加1针	
①	绕线环起针钩5针短针		

玛尔济斯犬 坐姿 p.28

完成尺寸：高30cm、长20cm

工具和材料

部位		使用毛线	颜色	色号	使用量	股数	使用钩针
基础部分		和麻纳卡 BONNY	白色	401	220g	2股	10/0号
植毛	A	和麻纳卡 Piccolo	白色	1	100g	2股	
		和麻纳卡 MOHAIR	白色	1	90g	2股	

配件	填充棉
眼睛/18mm	50g
鼻子/▼21mm	

● 使用2股BONNY线钩织基础部分。

植毛

植毛位置	使用毛线	毛发长度（cm）
头部		3～4
身体		4
尾巴	A	5
口鼻部分		3～5
腿		3.5
耳朵		6

正面

侧面

背面

植毛的长度和面部各部分的位置

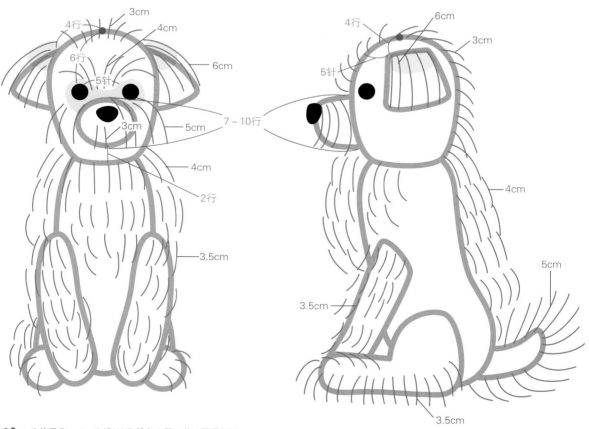

 ● 使用Piccolo、MOHAIR线各2股，共4股进行植毛。

● 顺着毛发方向拆散毛线。　●　部分使用羊毛毡戳针戳刺固定。

● 耳朵的长度和毛发样式可以根据自己的喜好决定。　● 如果需要装饰蝴蝶结，可以参照p.89。

钩织图解

$\wedge$ = $\mathbf{A}$　$\vee$ = 1针放3针短针
$\vee$ = $\mathbf{V}$　$\mathbf{V}$ = 1针放5针短针

身体1片

前中心

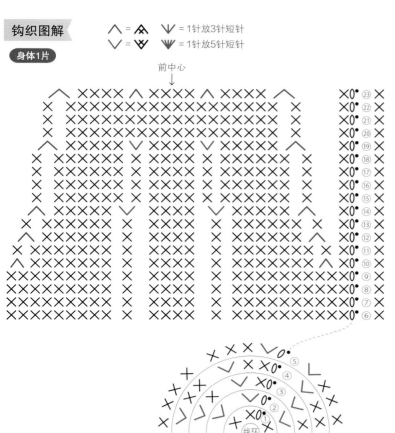

行数	针数	加减针
㉓	18针	减4针
㉒		
㉑	22针	没有加减针
⑳		
⑲	22针	参照图解
⑱		
⑰	22针	没有加减针
⑯		
⑮		
⑭	22针	参照图解
⑬	22针	没有加减针
⑫	22针	减2针
⑪	24针	没有加减针
⑩	24针	减2针
⑨		
⑧	26针	没有加减针
⑦		
⑥		
⑤	26针	加2针
④	24针	加6针
③	18针	加6针
②	12针	加6针
①	绕线环起针钩6针短针	

头部1片

前中心

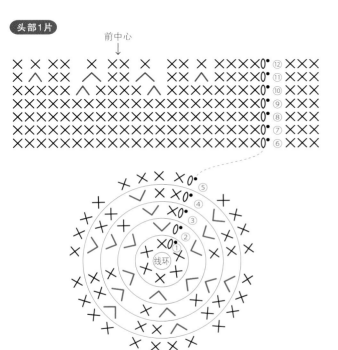

行数	针数	加减针
⑫	18针	没有加减针
⑪	18针	减4针
⑩	22针	减2针
⑨		
⑧		
⑦	24针	没有加减针
⑥		
⑤		
④	24针	加6针
③	18针	加6针
②	12针	加6针
①	绕线环起针钩6针短针	

前腿2片

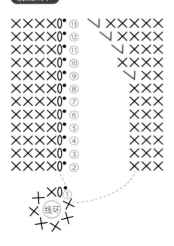

行数	针数	加减针
⑬	11针	加1针
⑫	10针	加1针
⑪	9针	加1针
⑩	8针	没有加减针
⑨	8针	加1针
⑧		
⑦		
⑥		
⑤	7针	没有加减针
④		
③		
②		
①	绕线环起针钩7针短针	

后腿2片

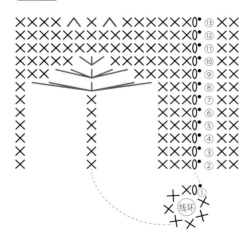

行数	针数	加减针
⑬	15针	减2针
⑫	17针	没有加减针
⑪		
⑩	17针	加2针
⑨	15针	加4针
⑧	11针	加4针
⑦		
⑥		
⑤	7针	没有加减针
④		
③		
②		
①	绕线环起针钩7针短针	

耳朵2片

下

上

毛线留出30cm后
开始钩织

行数	针数	加减针
④	5针	没有加减针
③		
②	5针	加2针
①	锁针起针钩3针短针	

口鼻部分1片

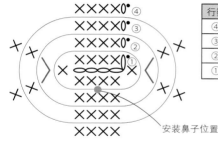

安装鼻子位置

行数	针数	加减针
④	12针	没有加减针
③		
②	12针	加2针
①	锁针起针钩10针短针	

尾巴1片

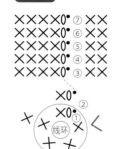

行数	针数	加减针
⑦		
⑥		
⑤	6针	没有加减针
④		
③		
②	6针	加1针
①	绕线环起针钩5针短针	

雪纳瑞 坐姿 p.30

完成尺寸：高 30cm、长 20cm

工具和材料

部位	使用毛线		颜色	色号	使用量	股数	使用钩针
基础部分	A	腈纶极粗	灰色	115	200g	2股	10/0号
	B	腈纶极粗	白色	118	100g	2股	10/0号
植毛	C	腈纶极粗	灰色	115	80g	2股	
	D	腈纶极粗	白色	118	30g	2股	

※元广Pandra House限定色。

配件	填充棉
眼睛/15mm	50g
鼻子/■23mm	

●使用2股腈纶极粗毛线钩织基础部分。

植毛

植毛位置	使用毛线	毛发长度（cm）
头部	C、D	2
身体	C、D	3～4
尾巴		不需要植毛
口鼻部分	D	2～3
腿	C、D	3.5
耳朵		不需要植毛

正面

侧面

背面

植毛的长度和面部各部分的位置

折叠缝合固定

从头部起第4行位置折叠耳朵，使用A线在折叠处缝合两三针固定。

眉毛位置

参照 p.52

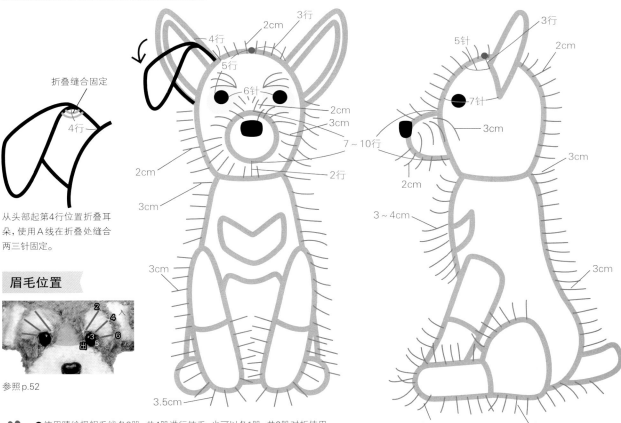

●使用腈纶极粗毛线各2股，共4股进行植毛；也可以各1股，共2股对折使用。

●耳朵正面为白色。　●耳朵正面、反面和尾巴使用毛刷刮绒。

●口鼻部分的上方使用D线在眉间植毛，做出雪纳瑞的可爱表情（参考　　部分决定眉毛位置）。

●刺绣眉毛，再使用羊毛毡戳针沿着毛发方向戳刺固定（参照图示）。　●　　部分使用羊毛毡戳针戳刺固定。

钩织图解

∧ = ∧∧ ∨ = 1针放3针短针
∨ = ∨∨ ∨ = 1针放5针短针

▨ = A线 ☐ = B线

身体1片

前中心

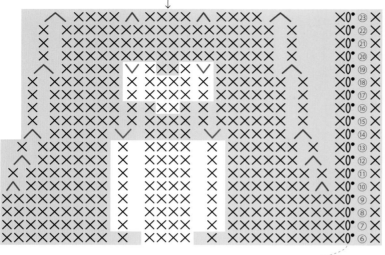

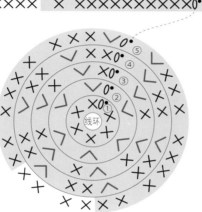

行数	针数	加减针	使用毛线
㉓	18针	减4针	A
㉒			A
㉑	22针	没有加减针	
⑳			
⑲	22针	参照图解	A／B
⑱			A／B
⑰	22针	没有加减针	
⑯			
⑮			A
⑭	22针	参照图解	
⑬	22针	没有加减针	
⑫	22针	减2针	A／B
⑪	24针	没有加减针	
⑩	24针	减2针	
⑨			
⑧	26针	没有加减针	
⑦			
⑥			
⑤	26针	加2针	A
④	24针	加6针	
③	18针	加6针	
②	12针	加6针	
①	绕线环起针钩6针短针		

头部1片

前中心

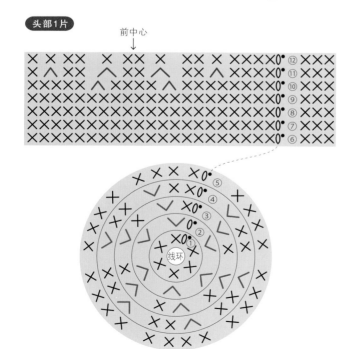

行数	针数	加减针	使用毛线
⑫	18针	没有加减针	A
⑪	18针	减4针	
⑩	22针	减2针	
⑨			
⑧			
⑦	24针	没有加减针	
⑥			
⑤			
④	24针	加6针	
③	18针	加6针	
②	12针	加6针	
①	绕线环起针钩6针短针		

前腿2片

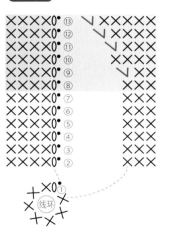

行数	针数	加减针	使用毛线
⑬	11针	加1针	A
⑫	10针	加1针	
⑪	9针	加1针	
⑩	8针	没有加减针	
⑨	8针	加1针	
⑧			B
⑦			
⑥			
⑤	7针	没有加减针	
④			
③			
②			
①	绕线环起针钩7针短针		

口鼻部分1片

下

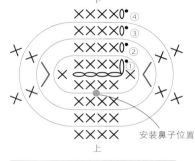

安装鼻子位置

上

行数	针数	加减针	使用毛线
④	12针	没有加减针	B
③			
②	12针	加2针	
①	锁针起针钩10针短针		

后腿2片

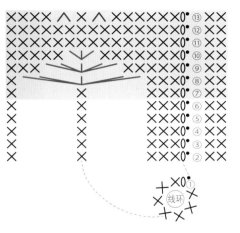

行数	针数	加减针	使用毛线
⑬	15针	减2针	A
⑫	17针	没有加减针	
⑪			
⑩	17针	加2针	
⑨	15针	加4针	
⑧	11针	加4针	
⑦			B
⑥			
⑤			
④	7针	没有加减针	
③			
②			
①	绕线环起针钩7针短针		

尾巴1片

行数	针数	加减针	使用毛线
⑤	6针	没有加减针	A
④			
③			
②	6针	加1针	
①	绕线环起针钩5针短针		

耳朵2片

右耳／B　　　　　右耳／A
左耳／A　　　　　左耳／B
内侧中心
↓

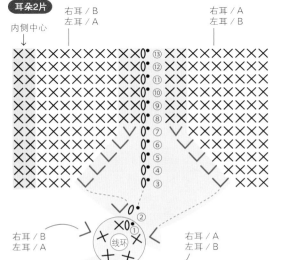

右耳／B　　右耳／A
左耳／A　　左耳／B

行数	针数	加减针	使用毛线
⑬			A／B
⑫			
⑪	20针	没有加减针	
⑩			
⑨			
⑧			
⑦	20针	加2针	
⑥	18针	加2针	
⑤	16针	加2针	
④	14针	加2针	
③	12针	加2针	
②	10针	加5针	
①	绕线环起针钩5针短针		A

西施犬 卧姿 p.34

完成尺寸：高 22cm、长 30cm

工具和材料

部位		使用毛线	颜 色	色号	使用量	股数	使用钩针
基础部分		和麻纳卡 BONNY	米白色	442	220g	2股	10/0号
植毛	A	和麻纳卡 Piccolo	米白色	2	100g	2股	
		和麻纳卡 MOHAIR	灰白色	61	90g	2股	
	B	和麻纳卡 Piccolo	深米色	38	10g	1股	
		和麻纳卡 MOHAIR	深灰色	74	10g	1股	
		和麻纳卡 MOHAIR	沙米色	90	10g	1股	
		和麻纳卡 MOHAIR	茶色	92	10g	1股	

配件	填充棉
眼睛/18mm	50g
鼻子/■20mm	

● 使用2股 BONNY 线钩织基础部分。

植毛

植毛位置	使用毛线	毛发长度（cm）
头部	A、B	3～4
身体	A	4～5
尾巴	A	8～9
口鼻部分	A	2～4
腿	A	4
耳朵（卷线制作）	B	12

正面

侧面

背面

植毛的长度和面部各部分的位置

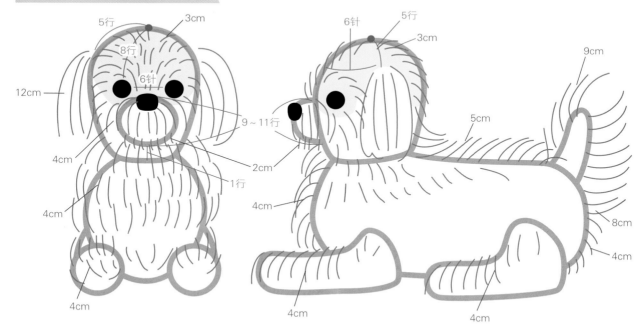

● 使用Piccolo、MOHAIR线各2股，共4股进行植毛。
● 耳朵参照p.52［卷线制作耳朵的方法］。
● 眼睛周围使用B线植毛。具体位置参照图示。
● 眼睛和鼻子安装在同一高度，做出西施犬的温和表情。
● 从额头至头部后侧（　　部分），使用羊毛毡戳针沿头部形状戳刺成形。

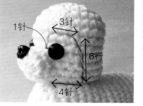

［面部植毛位置］

眼睛周围的植毛位置，使用固定珠针或可消粉土笔标记换线的位置，再进行植毛会比较方便。

86

钩织图解

∧ =  ＝1针放3针短针

∨ = ＝1针放5针短针

身体1片

前　　毛线穿过最后一行的6针，抽紧收口（收口前塞满填充棉）

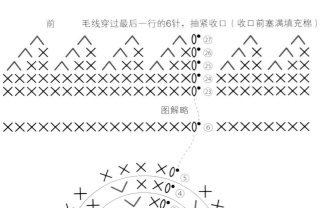

图解略

行数	针数	加减针
㉗	6针	减6针
㉖	12针	减6针
㉕	18针	减6针
㉔ 〜 ⑤	24针	没有加减针
④	24针	加6针
③	18针	加6针
②	12针	加6针
①	绕线环起针钩6针短针	

头部1片

前中心

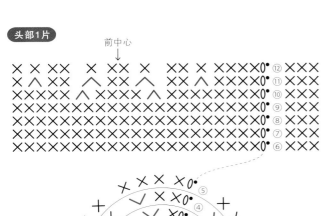

行数	针数	加减针
⑫	18针	没有加减针
⑪	18针	减4针
⑩	22针	减2针
⑨ ⑧ ⑦ ⑥ ⑤	24针	没有加减针
④	24针	加6针
③	18针	加6针
②	12针	加6针
①	绕线环起针钩6针短针	

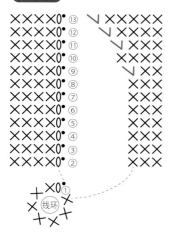

前腿2片

行数	针数	加减针
⑬	11针	加1针
⑫	10针	加1针
⑪	9针	加1针
⑩	8针	没有加减针
⑨	8针	加1针
⑧		
⑦		
⑥		
⑤	7针	没有加减针
④		
③		
②		
①	绕线环起针钩7针短针	

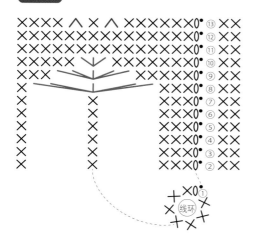

后腿2片

行数	针数	加减针
⑬	15针	减2针
⑫	17针	没有加减针
⑪		
⑩	17针	加2针
⑨	15针	加4针
⑧	11针	加4针
⑦		
⑥		
⑤	7针	没有加减针
④		
③		
②		
①	绕线环起针钩7针短针	

口鼻部分1片 下

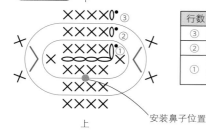

行数	针数	加减针
③	12针	没有加减针
②	12针	加2针
①	锁针起针钩10针短针	

安装鼻子位置

上

尾巴1片

行数	针数	加减针
⑦		
⑥		
⑤	6针	没有加减针
④		
③		
②	6针	加1针
①	绕线环起针钩5针短针	

约克夏　坐姿　p.37

完成尺寸：高24cm、长17cm

工具和材料

部位		使用毛线	颜色	色号	使用量	股数	使用钩针
基础部分	A	和麻纳卡 BONNY	浅茶色	480	100g	1股	8/0号
	B	和麻纳卡 BONNY	深灰色	481	20g	1股	8/0号
植毛	C	和麻纳卡 Piccolo	金茶色	21	50g	2股	
		和麻纳卡 MOHAIR	茶色	92	40g	2股	
	D	和麻纳卡 Piccolo	深灰色	50	20g	2股	
		和麻纳卡 MOHAIR	深灰色	74	20g	1股	
		和麻纳卡 MOHAIR	茶色	92	20g	1股	

配件	填充棉
眼睛/15mm	40g
鼻子/▼21mm	

●使用1股 BONNY 线钩织基础
部分。

植毛

植毛位置	使用毛线	毛发长度（cm）
头部	C、D	2～20
身体	C、D	5～6
尾巴	C、D	8
口鼻部分	C	12
腿	C	3～5
耳朵	C	4

正面

侧面

背面

植毛的长度和面部各部分的位置

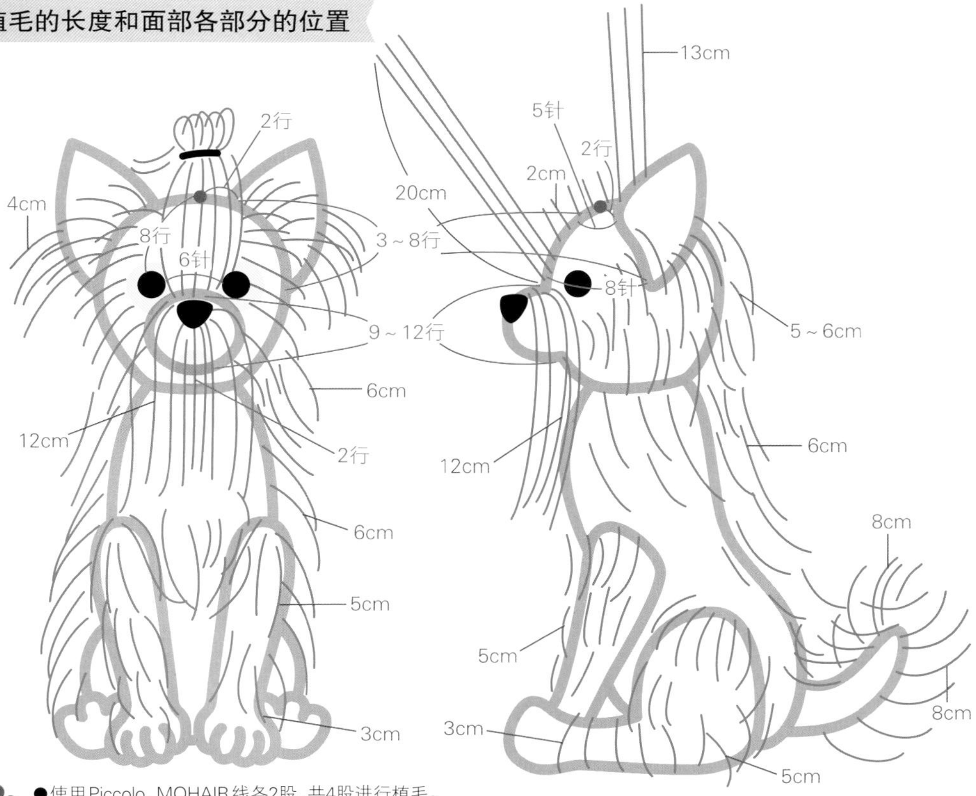

4cm
2行
8行
6针
9～12行
6cm
12cm
2行
6cm
5cm
3cm

13cm
5针
2行
2cm
20cm
3～8行
8针
5～6cm
6cm
12cm
8cm
5cm
3cm
8cm
5cm

[发型的制作方法]

植毛时，内侧被遮住的部分使用较短的毛线，外侧使用较长的毛线。

用外侧的毛线盖住内侧的毛线，沿毛发方向整形。

将毛线根部扎紧。

束成顶髻，再次扎紧，毛发尾端自然垂向头部后侧。

●使用Piccolo、MOHAIR线各2股，共4股进行植毛。
●头部后侧至尾巴使用D线植毛。　●梳理发型，完成后装饰蝴蝶结（参照正面图示）。
●耳朵使用毛刷在正面、反面刮绒，外侧下方的3行进行植毛。　●爪子的3行不需要植毛。
●　部分使用羊毛毡截针截刺固定，清晰地露出眼睛和下巴。

89

∧ = ⋀⋀ ∨ = ⋁⋁ 　🖤 =1针放5针短针　　🖤 = 变化的3针中长针枣形针（参照p.46）　▨ = A线　▨ = B线

身体1片

前中心
↓

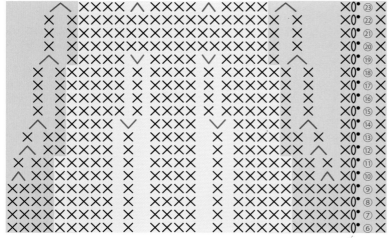

行数	针数	加减针	使用毛线
㉓	18针	减4针	A／B
㉒	22针	没有加减针	A／B
㉑	22针	没有加减针	A／B
⑳	22针	没有加减针	A／B
⑲	22针	参照图解	A／B
⑱	22针	没有加减针	A／B
⑰	22针	没有加减针	A／B
⑯	22针	没有加减针	A／B
⑮	22针	没有加减针	A／B
⑭	22针	参照图解	A／B
⑬	22针	没有加减针	A／B
⑫	22针	减2针	A／B
⑪	24针	没有加减针	A／B
⑩	24针	减2针	A／B
⑨	26针	没有加减针	A／B
⑧	26针	没有加减针	A／B
⑦	26针	没有加减针	A／B
⑥	26针	没有加减针	A／B
⑤	26针	加2针	A／B
④	24针	加6针	A
③	18针	加6针	A
②	12针	加6针	A
①	绕线环起针钩6针短针		A

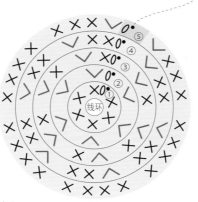

头部1片

前中心
↓

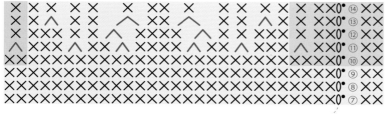

行数	针数	加减针	使用毛线
⑭	18针	没有加减针	A／B
⑬	18针	减4针	A／B
⑫	22针	减2针	A／B
⑪	24针	减6针	A／B
⑩	30针	没有加减针	A
⑨	30针	没有加减针	A
⑧	30针	没有加减针	A
⑦	30针	没有加减针	A
⑥	30针	没有加减针	A
⑤	30针	加6针	A
④	24针	加6针	A
③	18针	加6针	A
②	12针	加6针	A
①	绕线环起针钩6针短针		A

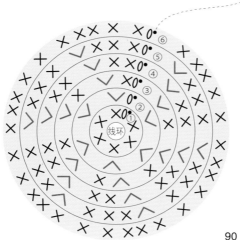

前腿2片

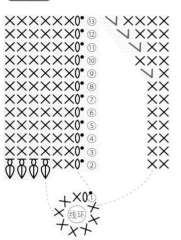

行数	针数	加减针	使用毛线
⑬	12针	加1针	
⑫	11针	加1针	
⑪	10针	加1针	
⑩	9针	没有加减针	
⑨	9针	加1针	
⑧			
⑦			
⑥			A
⑤	8针	没有加减针	
④			
③			
②			
①	绕线环起针钩8针短针		

耳朵2片

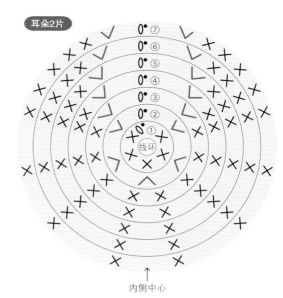

内侧中心

行数	针数	加减针	使用毛线
⑦	20针	加2针	
⑥	18针	加2针	
⑤	16针	加2针	
④	14针	加2针	A
③	12针	加2针	
②	10针	加5针	
①	绕线环起针钩5针短针		

后腿2片

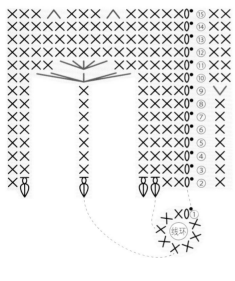

行数	针数	加减针	使用毛线
⑮	15针	减2针	
⑭			
⑬	17针	没有加减针	
⑫			
⑪	17针	加4针	
⑩	13针	加4针	
⑨	9针	加1针	
⑧			A
⑦			
⑥			
⑤	8针	没有加减针	
④			
③			
②			
①	绕线环起针钩8针短针		

口鼻部分1片

下

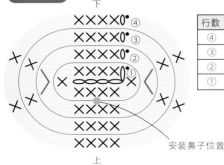

安装鼻子位置

上

行数	针数	加减针	使用毛线
④	12针	没有加减针	
③			A
②	12针	加2针	
①	锁针起针钩10针短针		

尾巴1片

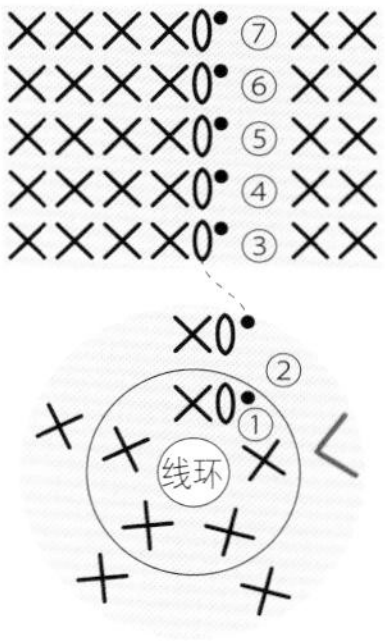

行数	针数	加减针	使用毛线
⑦			
⑥			
⑤	6针	没有加减针	
④			A
③			
②	6针	加1针	
①	绕线环起针钩5针短针		

比熊犬 立姿 <u>p.39</u>

<u>p.39</u>

完成尺寸：高33cm、长33cm

工具和材料

●使用2股腈纶极粗毛线钩织基础部分。

部位		使用毛线	颜色	色号	使用量	股数	使用钩针
基础部分		腈纶极粗	白色	118	270g	2股	10/0号
植毛	A	腈纶极粗	白色	118	200g	2股	

配件		填充棉
眼睛/15mm		120g
鼻子/▼21mm		

※元广Pandra House限定色。

植毛

植毛位置	使用毛线	毛发长度（cm）
头部		3～4
身体		2～4
尾巴	A	4
口鼻部分		2
腿		3
耳朵		2～2.5

正面

侧面

背面

植毛的长度和面部各部分的位置

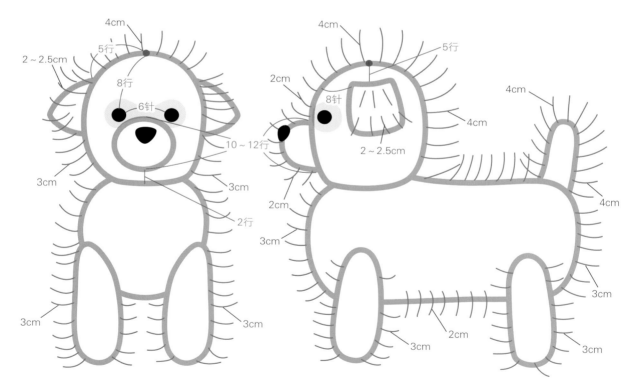

●使用2股腈纶极粗毛线进行植毛。

●耳朵植毛要密，和头部一起修剪成圆形的轮廓。

●为了清晰地展现狗狗的眼睛，▨▨▨部分使用羊毛毡戳针戳刺固定。

●爪子不植毛，可以更好地站立摆放。

●重复修剪和拆散毛线，按自己的喜好整理成形。

钩织图解

∧ =
∨ =

身体1片

前　　　　线穿过最后一行的6针，抽紧收口（收口前塞满填充棉）

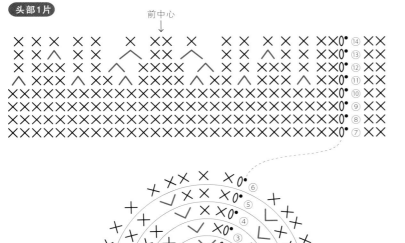

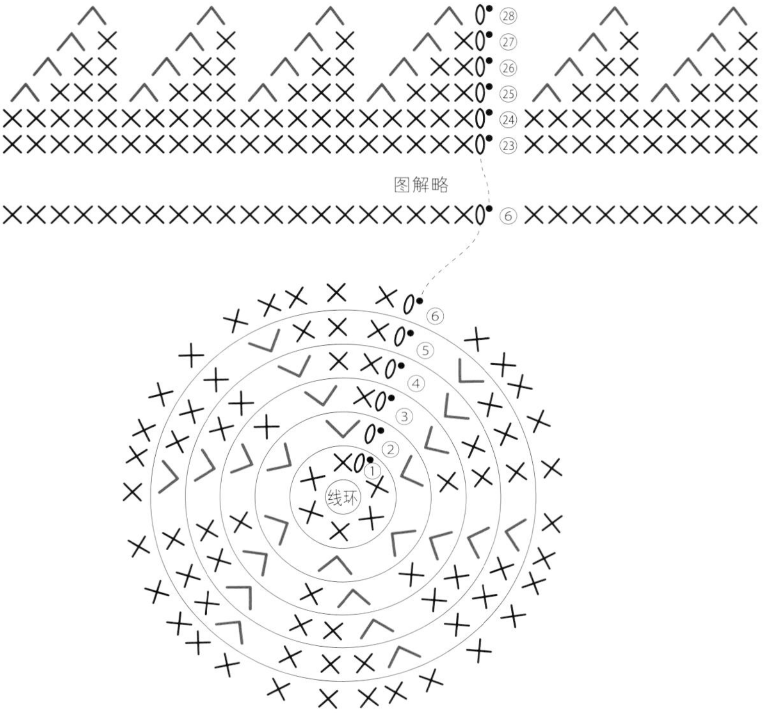

图解略

行数	针数	加减针
㉘	6针	减6针
㉗	12针	减6针
㉖	18针	减6针
㉕	24针	减6针
㉔ ～ ⑥	30针	没有加减针
⑤	30针	加6针
④	24针	加6针
③	18针	加6针
②	12针	加6针
①	绕线环起针钩6针短针	

头部1片

前中心
↓

行数	针数	加减针
⑭	18针	没有加减针
⑬	18针	减4针
⑫	22针	减2针
⑪	24针	减6针
⑩ ⑨ ⑧ ⑦ ⑥	30针	没有加减针
⑤	30针	加6针
④	24针	加6针
③	18针	加6针
②	12针	加6针
①	绕线环起针钩6针短针	

前腿2片

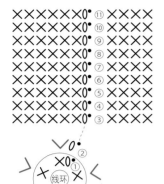

行数	针数	加减针
⑪		
⑩		
⑨		
⑧		
⑦	10针	没有加减针
⑥		
⑤		
④		
③		
②	10针	加5针
①	绕线环起针钩5针短针	

后腿2片

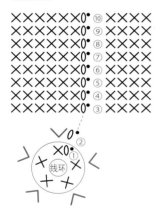

行数	针数	加减针
⑩		
⑨		
⑧		
⑦		
⑥	10针	没有加减针
⑤		
④		
③		
②	10针	加5针
①	绕线环起针钩5针短针	

耳朵2片

下

上

毛线留出30cm后开始钩织

行数	针数	加减针
④	5针	没有加减针
③		
②	5针	加2针
①	锁针起针钩3针短针	

口鼻部分1片

下

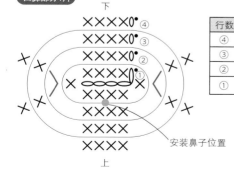

安装鼻子位置

上

行数	针数	加减针
④	12针	没有加减针
③		
②	12针	加2针
①	锁针起针钩10针短针	

尾巴1片

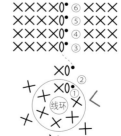

行数	针数	加减针
⑥		
⑤		
④	7针	没有加减针
③		
②	7针	加1针
①	绕线环起针钩6针短针	

钩针编织符号

锁针

钩针挂线，引拔钩出。

引拔针

钩针插入上一行的针目，挂线引拔钩出。

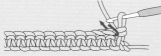

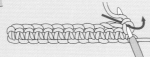

短针

立织 1 针锁针，这针锁针不计入针数。钩针插入上半针，挂线引拔。再次挂线，一次钩过针上 2 个线圈。

立织 1 针锁针
钩针插入上半针

1 针放 2 针短针

在同一针目里钩 2 针短针。

2 针

1 针放 3 针短针

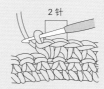

在同一针目里钩 3 针短针。

1 针放 5 针短针

在同一针目里钩 5 针短针

2 针短针并 1 针

钩针插入第 1 针针目，挂线引拔；再插入下一针针目，挂线引拔；最后再次挂线，一次钩过针上 3 个线圈。

3 针短针并 1 针

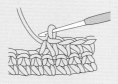

钩针插入第 1 针针目，挂线引拔；再依次插入第 2、3 针目，挂线引拔；最后再次挂线，一次钩过针上 4 个线圈。

版权所有，翻印必究

备案号：豫著许可备字-2021-A-0221

真道美惠子

钩编作家

毕业于多摩美术大学日本画专业。紧紧抓住爱犬的特征，原创出可爱的钩针编织狗狗玩偶，并提供定制服务。追求细节，用心制作出独一无二的作品。在银座和吉祥寺开设"monpuppy"钩编教室。售卖钩织图纸，也提供网上课程。2016年起，每年三月开办个展。http://monpuppy.com 主页上可以找到作者的更多作品。

图书在版编目（CIP）数据

超详解可爱的狗狗玩偶编织技法 / (日) 真道美惠子著；项晓笈译. —郑州：河南科学技术出版社，2023.2

ISBN 978-7-5725-1038-0

Ⅰ.①超… Ⅱ.①真… ②项… Ⅲ.①编织—手工艺品—制作 Ⅳ.①TS935.5

中国版本图书馆CIP数据核字（2022）第249109号

出版发行：河南科学技术出版社

　　　　　地址：郑州市郑东新区祥盛街27号　　　邮编：450016

　　　　　电话：（0371）65737028　　65788613

　　　　　网址：www.hnstp.cn

策划编辑：梁莹莹

责任编辑：梁莹莹

责任校对：王晓红

封面设计：张　伟

责任印制：张艳芳

印　　刷：河南博雅彩印有限公司

经　　销：全国新华书店

开　　本：787 mm×1 092 mm　1/16　印张：6　字数：190千字

版　　次：2023年2月第1版　　2023年2月第1次印刷

定　　价：59.00元